EL ABC D
LAS PLA NTAS DE INTERIOR

EL ABC DE

LAS PLANTAS DE INTERIOR

Jocelyn Baines y Katherine Key

HERMANN BLUME EDICIONES
MADRID

Versión española
CORAL BELLOT
Licenciada en Filosofía y Letras

Revisado por F. Bellot, director del Jardín Botánico (C.S.I.C.). Madrid

Diseño de cubierta
Roberto Turégano
(Fotografía cubierta Imagen 3)

Título original: The ABC of house and Conservatory Plants

Rosario, 17. Teléf. 265 92 00. Madrid-5
Primera edición española, 1974
Primera reimpresión, 1976
Segunda reimpresión, 1978
Tercera reimpresión, 1980
Cuarta reimpresión, 1981
Quinta reimpresión, 1983

Impreso en España - Printed in Spain
ISBN: 84-7214-055-5
Depósito legal: M. 40.284-1982
Impreso por GREFOL, S. A. Pol. II - La Fuensanta
Móstoles (Madrid)

Contenido

Introducción

Once the rockets go up,
who care where they come down?
«That's not my department»,
says Werner von Braum. —Tom Lehrer—

Una vez que los cohetes se elevan,
¿a quién le importa donde caen?
«Esas cosas no pertenecen a mi departamento»,
dice Werner von Braun. —Tom Lehrer—

Es natural que esa sea la actitud de la mayoría de los comerciantes en plantas de interior. Su principal objetivo es seducir al posible cliente con la más espléndida exhibición de plantas que puedan conseguir. Lo que ocurra después, siempre que la planta no haya sido forzada en demasía, lo consideran culpa del cliente (1). Con demasiada frecuencia una magnífica y saludable planta proporcionará a su dueño grandes satisfacciones durante un mes, poco más o menos, considerándose satisfecho si este tiempo lo compara con la duración de una flor cortada; poco después aquella hermosa planta comenzará a marchitarse y, finalmente, quedará en un lastimoso estado. Peor todavía, podrá no soportar el traslado desde la tienda o vivero hasta el hogar, perdiendo las hojas y los brotes inmediatamente.

El objetivo de este libro es ayudar a ampliar los conocimientos de los que sólo han visto una Trasdescantia, un *Ficus elástica* (planta cauchifera de la India) o un Filodendro, y al mismo tiempo facultarles para que obtengan el máximo partido de sus plantas durante el mayor tiempo posible.

Los principios básicos del éxito con las plantas de interior son bastante fáciles de comprender. Sin embargo, es más difícil ponerlos en práctica con éxito. Esto sucede porque casi todas las plantas de interior son naturales de los trópicos lluviosos. Por tanto, las condiciones en que se desarrollan son totalmente opuestas a las que predominan en un hogar normal de un clima templado. Es decir, que las plantas necesitan una temperatura elevada, un alto grado de humedad, y, en la mayoría de los casos, especialmente las plantas con flores, precisan una luz intensa durante algunas horas del día. Por otro lado, es probable que los hogares tengan una atmósfera seca y caliente, que resulta perjudicial para muchas plantas, o bien una atmósfera húmeda y fría que no les conviene, u otra que alterne día y noche entre las dos anteriores, lo que resulta mortal. Especialmente en las ciudades, el lugar destinado a las plantas, el salón o el comedor, tendrá posiblemente una escasa luminosidad.

La tarea consiste en tratar de ajustar las condiciones en que se encuentran las plantas para simular lo más posible las de su habitat natural.

«It's not the humidity; it's the heat»— Antiguo refrán americano. («No es la humedad; es el calor»).

Temperatura

La mayoría de las plantas de interior necesitan una temperatura que oscile entre 25° C (77° F) durante el día y 10° (50° F) durante la noche, en el período activo que normalmente es el verano (2), y no necesitan una temperatura mayor de 15° (59° F) durante el día, cuando están relativamente inactivas. Aunque la mayoría de las plantas que nos interesan pueden resistir una temperatura nocturna de hasta 5.° (41° F), no es aconsejable que descienda por debajo de 10° C. Si se mantienen las plantas fuera del alcance de la calefacción central, o si no se tiene calefacción, por la noche el sustitutivo más barato y satisfactorio es una estufa de parafina.

Humedad

Normalmente la temperatura por si sola no es causa de muchos problemas. El mayor de ellos es el mantenimiento de una atmósfera húmeda en combinación con el calor.

Riego.—La toma de alimentos primarios y de agua la planta la efectúa normalmente a través de sus raíces, por consiguiente, es fundamental la forma en que aquellas se mantengan húmedas: tanto el exceso como la falta de agua en sus cifras extremas pueden resultar mortales, porque el proceso de absorción de los nutrientes resulta perjudicado en ambas situaciones o, en casos extremos, detenido. Debe recordarse que excepto en circunstancias especiales (como cuando se desecan bulbos para almacenarlos) la tierra que rodea a las ríces no se debe dejar secar totalmente. Debe mantenerse algo húmeda constantemente hasta el fondo del tiesto (donde estarán normalmente la mayor parte de las raíces). Es igualmente importante que la tierra esté solamente húmeda y no mojada, excepto para las plantas acuáticas o de ciénagas. Sólo la experiencia, que no es difícil de adquirir, hará que cada uno se convierta en un experto conocedor del grado de humedad requerido.

Los riesgos del exceso y la falta de riego se evitan fácilmente situando el tiesto sobre una superficie de guijarros porosos (3), de turba y arena mezcladas con cascotes o guijarros, dispuesta en una bandeja especial para las plantas, que lleva salientes en su superficie (4) y un sistema de irrigación desde el fondo. De esta manera, mientras que la tierra esté húmeda en la parte superior del tiesto, así como en la bandeja, podemos estar seguros de que la humedad es total. De ninguna manera hay que dejar que el agua esté por encima del fondo del tiesto, so pena de arriesgarnos a dañar la planta irreparablemente, excepto para las plantas acuáticas o de ciénagas. Por ello es muy importante preparar una base firme y porosa bajo el tiesto, o una superficie parcialmente elevada. Si sólo se prepara una mezcla de turba y arena o sólo turba, es fácil que se sature de agua sin que nos demos cuenta, produciéndose daños.

Por otra parte, si se riega desde arriba, que es la forma más sencilla, hay que asegurarse primeramente que la tierra llene el tiesto totalmente; si la tierra está demasiado seca se formará un espacio entre ésta y el tiesto, a través del cual pasará el agua sin mojar la la tierra. Es preciso que haya un espacio bastante ancho, de dos a tres centímetros, variable según el tamaño del tiesto, entre la superficie de la tierra y el borde de éste. De otro modo el agua rebosará y el riego será un trabajo largo y molesto. Finalmente, y éste es el punto básico, debe haber un sistema de drenaje que permita apreciar cómo sale el agua por la parte inferior del tiesto. En cuanto esto ocurra hay que dejar de regar. Si el agua permanece a la altura del borde inclinar el tiesto para verter el exceso de agua.

En ciertos casos, especialmente cuando se trata de plantas en tiestos pequeños, como ocurre con la Saintpaulia (Violeta africana), y aumenta el peligro de que la tierra se seque demasiado, es aconsejable disponer el tiesto en otro recipiente mayor lleno de turba húmeda, introduciéndolo hasta el borde. En este caso aumentará el

(1) Actualmente hay indicios de que esta actitud está cambiando: algunos cultivadores proporcionan cortas normas de cultivo al entregar las plantas; también las facilitan los vendedores.

(2) Hemos notado que cierto número de plantas del hemisferio sur que en condiciones naturales deberían florecer durante el invierno, en el hemisferio norte se adaptan a sus nuevas condiciones y florecen en el verano del hemisferio norte. Las plantas que más seguramente florecen durante el invierno son las que provienen de zonas de elevada temperatura en las regiones tropicales o subtropicales del hemisferio norte.

(3) Puede obtenerse en los Estados Unidos con el nombre comercial de Substral Stenetter.

4) Hay algunas de excelente diseño fabricadas por Bülach Vetropack A. G. de Suiza.

peligro por exceso de agua, y es esencial asegurarse de que el agua no suba exteriormente por encima del fondo del tiesto. El método más seguro para mantener una planta que necesite un alto grado de humedad y que esté en un tiesto pequeño es rodearle de turba y gravilla dentro de una maceta mayor, *que tenga drenaje propio* (por ejemplo, orificios en el fondo) y seguir los consejos dados para los tiestos grandes. El recipiente no debe colocarse sobre una superficie que pueda sufrir daños por la humedad. Puede ponerse sobre una baldosa o algo parecido, pero no sobre esteras de junco o de corcho, pues se pudrirán.

Otras normas que pueden seguirse para el riego son de sentido común. Por ejemplo, cuando más cálido y seco sea el ambiente con mayor frecuencia las plantas necesitarán regarse. Los tiestos pequeños se secan con mayor rapidez que los grandes, etc. Finalmente, el agua de riego siempre debe usarse a la temperatura de la habitación. Es preferible usar agua de lluvia, pero no siempre se dispone de ella; si se utiliza, debe dejarse un cierto tiempo en el interior o quitarle su frialdad de cualquier otra forma. El agua del grifo debe usarse cuando está tibia al tacto.

Humedad.—Desafortunadamente, incluso con un riego perfecto, las plantas pueden mostrar intensas señales de «malestar» a causa de que el ambiente que las rodea carece de la humedad necesaria. Sólo pocas especies de plantas de interior, como la mayoría de los Cactus, prosperan en un ambiente seco y caliente. La mayoría perderán rápidamente su follaje y sus brotes o mostrarán de otra forma que algo no marcha bien. Se debe contrarrestar el calor seco generado por la electricidad, el gas, el carbón o la calefacción central, con un grado de humedad que mantenga la humedad relativa en un 55 a un 65 por 100 de la temperatura de la habitación como porcentaje óptimo (5). La mayoría de las plantas se desarrollarán bien con el 50 por 100, pero, en general, cuanto más alto sea el grado de humedad que se pueda mantener con una temperatura elevada se obtendrán mejores resultados.

A menos que se mantengan las plantas en una habitación especial o en un invernadero, los procedimientos primitivos para aumentar la humedad, como vasijas con agua cerca de los generadores de calor, no resultan muy eficaces. Es preciso concentrar la humedad en el área próxima a las plantas. En este área una cierta cantidad de agua extendida en gran superficie es muy útil, y es fácil ingeniárselas para conseguir un recipiente ornamental que contenga agua, quizá llevando algunas plantas acuáticas, dispuesto en el centro de un grupo de plantas, o bien una pileta más perfeccionada en un invernadero. También sirve una capa de guijarros marca Stenetter o una mezcla de turba, arena y gravilla húmeda, como ya se ha indicado, dispuesta en una bandeja donde se coloca la maceta. Además las plantas se beneficiarán mucho si se rocían sus hojas con frecuencia. Ciertas plantas, como las gardenias, absorben la humedad extra por el follaje, mientras que en las bromelíaceas y otras plantas epifíticas, la atmósfera es la fuente de nutrición más importante. El rociado debe hacerse con agua a la temperatura ambiente, y es mucho mejor utilizar agua de lluvia que del grifo, cuyo alto contenido en cal puede dejar marcas blancas sobre las hojas. Pero el agua de lluvia no es siempre fácil de obtener; en el caso de las plantas de follaje, es preferible usar agua destilada o agua de la descongelación de un frigorífico. En el mercado existen algunos pulverizadores que son muy eficaces.

Desafortunadamente ninguno de estos remedios tiene mucho efecto si el ambiente es muy seco. Lo único verdaderamente satisfactorio para el meticuloso cultivador de plantas de interior es adquirir algunos humidificadores sencillos, como los que se cuelgan en los radiadores, o los más complicados y efectivos accionados eléctricamente. Si no se hace ésto, es aconsejable tener al menos un higrómetro cerca de las plantas (por lo menos de las más valiosas), de modo que pueda corregirse rápidamente la falta o exceso de humedad.

Nunca nos cansaremos de insistir en la importancia del grado de humedad, especialmente cuando acaban de adquirirse las plantas, o se han traído de un invernadero o vivero. El descenso repentino y prolongado de un 20 por 100 en la humedad, causa más perjuicios que la alteración de cualquier otro factor. Sin embargo, las plantas se adaptan bastante bien, siempre que transcurra un cierto tiempo. Es esencial no efectuar cambios repentinos y drásticos en su forma de vida. Por tanto, deben comprobarse cuidadosamente las condiciones en que ha vivido la planta durante el período anterior a su traslado al hogar e imitarlas en lo posible al principio (incluso si las condiciones primitivas no eran óptimas); a continuación se pueden hacer cambios de forma gradual.

Luz

Después de la temperatura adecuada y de la humedad, la abundancia de luminosidad es la tercera condición esencial. Elbert y Hyams han tratado amplia e instructivamente sobre la luminosidad que necesitan las plantas de interior, incluyendo en sus estudios el uso de la luz artificial y de las lámparas de estimulación del crecimiento (6). No trataremos este tema con mucho detalle, sino que aconsejaremos al lector que quiera ampliar conocimientos lea dicho libro, a cuyos autores expresamos nuestra gratitud.

La mayor parte de las plantas, especialmente las plantas de flor, las que más nos interesan, en condiciones naturales reciben mucha más cantidad de luz de la que puede conseguirse en cualquier habitación, incluso con el techo de cristal. Aunque las plantas tropicales pueden vivir con mucha menor cantidad de luz de la que reciben en la naturaleza, esa luz no es lo suficientemente intensa en muchos países septentrionales para alcanzar sus exigencias.

Elbert y Hyams estiman que cinco horas de luz solar directa por día es el máximo que razonablemente se puede esperar incida sobre la planta de interior mejor situada, y hay muchos rincones, alcobas, etc., que parecen «pedir» una planta en una maceta, pero sólo reciben dos horas de luz solar o incluso ninguna. Además, sólo la parte de la planta que mira hacia la ventana obtendrá el efecto total de la luz, puesto que las plantas de interior no se benefician de la luz difusa y reflejada, como ocurre en el exterior. La escasa disponibilidad de luz en los hogares ha llevado a los cultivadores a interesarse solamente por aquellas plantas que necesitan poca luz. Esta es una de las importantes razones de la amplia gama de plantas de follaje que se venden, aunque algunas sean poco atractivas. También (aparte de su belleza) es una de las razones de la popularidad de las Saintpaulia, que según Elbert y Hyams necesitan sólo unas dos horas diarias de luz solar.

Sin embargo, como muchas de las plantas más atractivas, sobre todo las de flores, necesitan la máxima cantidad de luz que pueda conseguirse en un hogar, merece la pena esforzarse un poco para conseguir las mejores condiciones posibles. La primera condición indispensable es elegir el lugar más iluminado de la casa como «asiento» permanente de las plantas. En este lugar puede conseguirse la floración de muchas especies y después llevarlas a un lugar menos iluminado para mejor gozar de ellas. Cuando ha terminado su floración pueden volverse al «asiento» primitivo. Debe cuidarse mucho,

(5) La humedad relativa es la proporción entre el contenido real de agua en el aire y la cantidad máxima que el aire podría contener a la misma temperatura. Normalmente los higrómetros expresan la humedad en términos de porcentaje de la temperatura; es decir, si el aire contiene la mitad del vapor de agua necesario para su saturación, por ejemplo, a 20° C (68° F), la humedad relativa del aire será la mitad y el higrómetro marcará 50 por 100. Cuanto más alta sea la temperatura más elevado será el grado de saturación.

(6) *House Plants*, Londres, 1967, páginas 32-57.

como ya hemos dicho, que no haya un cambio brusco en la temperatura o la humedad. Tampoco deben estar las plantas en una corriente, o cerca de cualquier fuente de calor artificial, como gas, etc. De otro modo durará poco el disfrute de las plantas.

El lugar de «asiento» deberá consistir en mesas o muebles similares, cubiertas con hule o algo así, y que no importe se mojen con el riego de las plantas. (También hemos indicado la introducción en el conjunto de un recipiente ornamental con agua.) Si se desea, se pueden comprar varias lámparas de fotógrafo provistas de bombillas «azules» de 150 W. Estas lámparas no son caras y son ligeras y fáciles de manejar. Las luces deben dirigirse a las plantas que las precisan (por ejemplo, las que están a punto de brotar o florecer) y mantenerlas encendidas durante dos o más horas diarias, suministrando así alguna luz «azul» adicional, que es la más beneficiosa para las plantas (7). Debe tenerse cuidado de que las lámparas no estén demasiado cerca de las plantas, puesto que generan un calor perjudicial; asimismo no debe regarse nunca cuando la lámpara esté encendida, puesto que el agua fría podrá causar la explosión de la bombilla. Es mucho mejor proporcionar este suplemento de luz durante las horas del día, pues muchas plantas precisan de la obscuridad nocturna para desarrollarse debidamente. Además se obtendrá un beneficio apreciable instalando uno o más reflectores de la luz (por ejemplo, láminas reflectantes de aluminio o metal cromado) en los puntos adecuados alrededor del lugar de «asiento», de forma que se aproveche la luz al máximo. Si se tiene la suerte de poseer un invernadero o un lugar especialmente dedicado a las plantas, se pueden resolver con facilidad la mayor parte de los problemas de luminosidad. En las habitaciones donde están en oposición las necesidades de las plantas y las consideraciones estéticas, es preferible calcular de forma realista las posibilidades de iluminación y limitarse a las plantas apropiadas.

El uso de lámparas estimuladoras del crecimiento y «jardines» iluminados de forma totalmente artificial pertenece a técnicas especializadas que no entran en el ámbito de este libro. Sin embargo, este es un tema en el que se producen continuas innovaciones y que adquiere cada vez mayor importancia, según crecen las ciudades y y escasea la luz natural. Ciertas personas se alegran y otras se entristecen por el hecho de que de «doce a dieciséis horas diarias de luz fluorescente proporcionen a las plantas un verano continuo y que un regulador automático se encargue de realizar esa tarea (8). Estamos acostumbrados a que los crisantemos florezcan durante todo el año; ahora veremos cómo también florecen las margaritas y otras plantas. Pronto, gracias a la ciencia, las «estaciones» de floración para las plantas de interior pueden resultar anticuadas. El uso de luz artificial para estas plantas sigue siendo, para la mayoría de los aficionados, un terreno inexplorado, pero en Estados Unidos y en otros lugares está siendo objeto de una publicidad «agresiva» y sin duda alguna revolucionará el mundo de las plantas de interior.

Nutrición y suelo

Hemos tratado de la temperatura, la humedad y la luz. La cuarta condición esencial en la que es preciso fijarse es la nutrición de la planta, que se realiza primordialmente a través de sus raíces. En este caso quizá sea más sencillo dividir el término «suelo» en dos componentes: el medio en el que las raíces están fijas, que puede no ser la «tierra», en el sentido clásico, y las sustancias activas del «suelo», que las raíces precisan absorber para obtener un buen crecimiento.

En primer lugar, las raíces necesitan agua y aire. Las exigencias de humedad han sido descritas en el apartado *Riego*. Estrechamente relacionada con el riego está la aireación del «suelo». Las raíces absorben oxígeno y desprenden bióxido de carbono que debe pasar a la atmósfera a través del suelo. De aquí la necesidad de mantener el justo equilibrio entre un medio altamente aireado y seco, que carece del agua precisa para el crecimiento de la planta, y un medio inundado, que impide la «respiración» adecuada a la mayoría de las especies (9). Además del aire y del agua hay otros seis elementos esenciales en cantidades relativamente grandes para la nutrición de las plantas. Nitrógeno, fósforo, potasio, calcio, magnesio y azufre. Además precisan pequeñísimas cantidades de otros elementos: boro, cloro, cobre, hierro, manganeso, molibdeno y cinc; hay otros microelementos cuya utilidad no ha sido demostrada.

Los elementos citados completan las necesidades de nutrición fundamentales en la planta. Se deduce, que el «suelo» convencional en sí mismo no cubre estas necesidades; de aquí la eficacia de las «mezclas» artificiales y también del cultivo hidropónico (10). Sin embargo, el suelo natural proporciona otro factor que puede ser muy beneficioso (y esencial en las plantas que no se fertilizan artificialmente), aunque a veces puede ser perjudicial: el desarrollo de bacterias, que tiene lugar en el suelo natural. Las bacterias se alimentan de las raíces de las plantas y de otras materias y devuelven parte de los nutrientes minerales que absorbe la planta, así como sustancias adicionales propias: son las sustancias negruzcas y marrones de la tierra, denominadas humus; es un proceso natural que mejora la aireación del suelo y en general mantiene las condiciones del medio. Sin embargo, el suelo natural puede albergar también otras bacterias perjudiciales que se alimentan de las raíces de la planta y las infectan. Hay varios tipos de «suelos naturales» tales como arena, arcilla y, el mejor de todos, las margas que son mezclas de los dos anteriores y que tienen un buen contenido de humus.

Las margas, con adición de carbón vegetal, estiércol bien descompuesto, sangre seca, etc., en proporciones adecuadas a cada especie, pueden dar buenos resultados para las plantas en macetas. En el mercado hay varias mezclas de suelo artificial con o sin marga (y normalmente esterilizadas) que están científicamente preparadas para cubrir las necesidades de las diversas especies de interior. Especialmente aconsejamos el uso de una mezcla adecuada, aunque debemos tener en cuenta que en esas «mezclas» tienen lugar ciertos procesos orgánicos y por ello existe el peligro de que el medio se «altere», sobre todo cuando las raíces tienen poca actividad.

Los abonos compuestos de John Innes y Levington son los más utilizados en Inglaterra, así como el medio sin estiércol Black Magic y los suelos para maceta de Swiss Farm en los Estados Unidos. Las necesidades de las plantas tropicales y subtropicales quedan bien cubiertas con el abono Levington Compost o el Potting Compost números 2 o 3 de John Innes. El Levington Compost es muy ligero y poroso y especialmente adecuado para un buen drenaje, pero necesita de una nutrición mineral suplementaria más frecuente que el de John Innes, generalmente al cabo de dos o tres meses. En todo caso es importante seguir cuidadosamente las instrucciones del fabricante que van incluidas con el producto.

Si no se utiliza un abono compuesto de marca, se pueden hacer las tres mezclas siguientes apropiadas para las tres principales cate-

(7) La mejor luz artificial para las plantas es la fluorescente. Terrestris de Nueva York, en su *Indoor Plant Guide*, recomienda tubos fluorescentes fríos y blancos, basando su consejo en experiencias llevadas a cabo por el Departamento de Agricultura de los Estados Unidos, en Beltsville, Maryland. En otro caso sugiere lámparas de vapor de mercurio de color rectificado. Este tipo de iluminación necesita accesorios especiales y caros, pero las lámparas resultan más atractivas desde el punto de vista estético; además las lámparas consumen el 60 por 100 menos de electricidad y duran diez veces más que los tubos fluorescentes.

(8) *House & Garden*, Londres, enero de 1971, página 86.

(9) El agua contiene oxígeno, pero no el suficiente para la mayoría de las plantas.

(10) Ver: *Beginners Guide to Hydroponics*, de J. Sholto Douglas, Londres y Nueva York, 1972, en lo que respecta a una exposición de este método por una autoridad en la materia.

gorías de plantas. La primera categoría que llamamos número 1 (11) se usa para las plantas tropicales y subtropicales. Para un tiesto de quince centímetros consiste en:

Tres partes de turba o de musgo Sphagnum.
Una parte de Perlita.
Dos partes de Vermiculita.
Una parte de humus o de mantillo.
Una cucharada sopera colmada de carbón vegetal y otra de caliza (12).

La segunda categoría de plantas de interior comprende los cactus y algunas plantas carnosas. Estas requieren una mezcla de tierra que debe consistir básicamente, para un tiesto de quince centímetros en:

Una parte de tierra de jardín (esterilizada).
Una parte de mantillo o turba de musgo.
Una parte de arena gruesa.
Una parte de gravilla o cascotes molidos.
Dos cucharadas soperas de harina de huesos.
Dos cucharaditas de caliza triturada.

El Swiss Farms Cactus Soil está comercializado en los Estados Unidos, pero esta mezcla no está disponible en el Reino Unido.

La tercera categoría, comprende las plantas de la zona templada y requiere una mezcla que denominamos núm. 3, que consiste para un tiesto de quince centímetros en:

Dos partes de marga o tierra de jardín.
Una parte de turba de musgo o de humus.
Una parte de arena gruesa.
Una cucharada sopera colmada de sangre seca y otra de carbón vegetal.

Las orquídeas y las bromeliáceas necesitan mezclas especiales, que se describirán en los correspondientes apartados.

La composición de la mezcla núm. 2 se explica porque la tierra debe ser muy porosa cuando esté mojada, pero debe ser un buen punto de fijación porque las plantas en cuestión no tienen un fuerte sistema radicular. La diferencia principal entre los fertilizantes 1 y 3 consiste en que el último es más rico y el primero más poroso y, por tanto, con un mayor grado de aireación. No hay inconveniente en cultivar una planta de la tercera categoría en una mezcla núm. 1, siempre que a las plantas se les proporcione una fertilización abundante durante su período activo.

Un vez establecida la constitución básica del suelo hay que tener en cuenta dos importantes factores por parte del cultivador de plantas de interior. El primero es mantener el contenido en nutrientes y el segundo es asegurar el correcto equilibrio del pH. Como hemos dicho las mezclas comerciales de suelo ofrecen corrientemente los nutrientes necesarios que hacen innecesaria una alimentación adicional durante los primeros meses. Por tanto, durante la estación *activa* de la planta, y sólo durante ella, hará buenos efectos la adición al agua de un fertilizante apropiado, o si es en forma de píldoras, introducido en la tierra a intervalos regulares. Este tratamiento es indispensable si se quiere que una planta aproveche todo su potencial. Si pensamos en las condiciones totalmente artificiales en las cuales queremos que se desarrolle la planta, nos daremos cuenta de esta necesidad. Afortunadamente la ciencia nos permite compensar las limitaciones que tiene una planta obligada a vivir en una maceta y dentro de una casa. En el mercado hay un gran número de buenos fertilizantes, y lo mejor es elegir uno que tenga los elementos nutrientes fundamentales así como los micronutrientes. Existen también en el comercio nutrientes foliares muy eficaces que están especialmente indicados para los rododendros, orquídeas, bromeliáceas y otras plantas epifíticas. Debemos resaltar una vez más la importancia de seguir con el mayor cuidado las instrucciones del fabricante. La fertilización excesiva no solamente carece de sentido, como ocurre con el consumo humano de vitaminas, sino que es francamente perjudicial, puesto que el fertilizante «no pasará a través del organismo vegetal», sino que puede determinar efectos perjudiciales secundarios, tales como el «quemado» de las raíces o los daños al follaje.

El otro factor importante es mantener el correcto equilibrio del pH. Este símbolo significa la relativa acidez/alcalinidad del suelo. En una escala arbitraria de valores del 1 al 14, los números inferiores indican un alto grado de acidez y los superiores un alto grado de alcalinidad. La mayor parte de las plantas precisan una amplitud de pH, entre 4,5 y 8. La mayoría de las de interior necesitan un suelo neutro (pH 7) o ligeramente alcalino; hacen excepción los rododendros, camelias y gardenias que precisan un suelo ácido (pH 5 a 6,5). Existe un cierto número de dispositivos excelentes para determinar el pH del suelo. La tierra de una planta de maceta tenderá a hacerse más ácida y la adición periódica de nitrato de calcio, fragmentos de caliza o cascaras de huevo, constituye un útil corrector de esa acidez. En caso de plantas acidófilas es necesaria la adición periódica de sulfato potásico o de quelato de hierro.

Macetas y trasplantes

Hemos tratado del «suelo», pero no del recipiente para la planta y su tierra. En este caso el drenaje es el factor más importante a tener en cuenta, así pues las consideraciones estéticas pueden estar en desacuerdo con las prácticas. No sirve de nada trasplantar una planta a un bonito recipiente para verla marchitarse y morir al cabo de un par de semanas a causa del insuficiente drenaje. Afortunadamente, al menos en nuestra opinión, los tiestos de barro corriente son agradables a la vista, sobre todo cuando han sido «cambiados» por la acción de la intemperie, y constituyen un medio tan práctico como el que más para contener plantas de interior. En los últimos años los tiestos de plástico han desplazado a aquellos en el mercado, lo que desde nuestro punto de vista es lamentable, punto de vista que evidentemente no es compartido por otros. Prácticamente hay poca diferencia entre el plástico y el barro: el primero retiene mejor la humedad, reduciendo de esta manera la necesidad de regar, es más ligero de transportar y más fácil de mantener limpio, pero los tiestos de barro son más porosos y por ello dejan que las raíces de la planta «respiren» mejor. Por consiguiente hay que dejarlo al criterio personal.

La mayoría de las plantas llegan a alcanzar un tamaño excesivo para su tiesto o sus raíces resultan demasiado apretadas. Las plantas pueden adquirirse adaptadas al tiesto, es decir, con las raíces forzadas por la forma de la maceta. Se ha pretendido que las plantas se mantienen mejor así, pues de esta manera se restringe el crecimiento de las raíces, estimulando con ello una floración más profusa. Pero la sujeción a la maceta crea muchos problemas en la administración del agua y los nutrientes, por lo que es preferible utilizar un tiesto lo suficientemente grande para que las raíces se desarrollen sin dificultad. Pero la maceta no debe ser demasiado grande, pues en las zonas donde no haya actividad de la raíz, la tierra probablemente se alterará.

(11) La numeración de los abonos compuestos no debe confundirse con la de John Innes o con la de cualquier otro abono compuesto del comercio.

(12) Para plantas calcífugas como las camelias, rododendros, gardenias, etcétera, deberá suprimirse la caliza.

El trasplante de una planta de un tiesto a otro de similar tamaño (por ejemplo, de un tiesto de plástico a otro de barro, o cuando las plantas necesitan «limpieza») no presenta ningún problema y puede hacerse en cualquier momento siempre que el cepellón de tierra no esté ni seco ni empapado, sino húmedo. Si está seco se desprenderán trozos de tierra y raíces y si está empapado será difícil sacarlo del tiesto. No se deben tocar las raíces excepto en el proceso de «limpieza», a menos que sobresalgan por los orificios de drenaje; en este caso habrá que romper el tiesto, pero no con violencia, puesto que los bordes cortantes de los pedazos del tiesto podrían dañar las raíces. Los tiestos de plástico pueden cortarse con unas tijeras de cocina o con unas cizallas.

En el caso más frecuente de trasplantar una planta a una maceta mayor el proceso es un poco más delicado, pero no muy difícil, y puede hacerse en cualquier época, aunque es mejor llevarlo a cabo cuando la planta acaba de iniciar su período activo y las raíces están en buena forma para hacer frente a las nuevas condiciones y hay pocas posibilidades de que se detenga el crecimiento de los brotes y el proceso de floración. Como antes decíamos, el cepellón debe estar justamente húmedo. La tarea principal en este caso es desprender las raíces fuera del «molde» en que han estado obligadas por la forma de la maceta, de manera que puedan extenderse naturalmente en su nueva maceta. El grado de dificultad dependerá del tipo de raíz: algunas se manejan con mucha facilidad sin deteriorarse, mientras que en otras no ocurre lo mismo. La experiencia personal indicará cómo pueden extenderse las raíces; por una parte debe procurarse romperlas lo menos posible, pero no se conseguirá nada si se deja el cepellón en su forma primitiva, puesto que en este caso las raíces permanecerán apelotonadas y no penetrará entre ellas la nueva tierra. Después del cambio de maceta debe regarse a fondo y con mayor frecuencia de lo corriente hasta que la planta haya arraigado.

Accidentes

Suponiendo que nuestras plantas de interior están asentadas, en la tierra adecuada, con la temperatura correcta, el adecuado grado de humedad y con la luz suficiente, sin embargo las cosas pueden, por desgracia, darse muy mal. Probablemente las principales causas serán:

I. **El riego y el drenaje.**—Hemos dado ya algunas indicaciones. No obstante, todavía pueden hallarse dificultades, sobre todo si nos ausentamos durante algún tiempo dejando las plantas al cuidado de manos inexpertas. Los principales síntomas de exceso y falta de riego pueden ser similares: las hojas amarillearán y se caerán. La experiencia personal nos indicará cual de los dos defectos ha sido la causa (lo que no deberá resultar difícil). Los otros síntomas principales suficientemente claros son: las hojas se marchitarán y se secarán por la falta de riego, y se oscurecerán y marchitarán por el exceso de riego. El remedio es sencillo, aunque el daño puede haber llegado muy lejos (puede ocurrir con mucha rapidez: en un día aproximadamente) para ser reparado totalmente o al menos con carácter inmediato. Cuando una planta ha recibido exceso de riego se debe dejar secar la tierra y sin regar durante varios días, aunque las hojas deben rociarse con frecuencia. Después se regará con cuidado. Cuando una planta padece defecto de regado deberá recibir inmediatamente un riego abundante, pero no dejarla con agua en exceso durante más de media hora; después regarla con mucho cuidado hasta que se haya recuperado totalmente. En el caso extremo de que una planta muestre señales de muerte próxima, se la deberá podar drásticamente para darle una mayor oportunidad de formar nuevos brotes.

II. **La administración de nutrientes.**—También en este caso hemos dado normas generales y hemos subrayado la necesidad de seguir fielmente las instrucciones del fabricante. Durante cierto período habrá una inadecuada acumulación de productos químicos en la tierra que puede manifestarse por el descamado y decoloración de los tiestos de barro. Si se ha administrado un nutriente muy concentrado durante toda la estación es aconsejable, una vez llegado el período de reposo, «limpiar» la tierra separando la planta del tiesto, sacudiendo toda la tierra posible de las raíces, sin perjudicarlas, y volviéndola a implantar con nueva tierra en un tiesto limpio. Las macetas de barro, en las que se han podrido plantas o han padecido enfermedades, deberán lavarse a fondo y después esterilizarlas.

III. **Deficiencia en nutrientes o valor inadecuado del pH.**—La deficiencia puede evitarse si se administra un fertilizante equilibrado. Pero si apareciesen síntomas de mala salud que no pueden ser achacados a parásitos o enfermedades, deberá consultarse el admirable artículo sobre «Nutrition Mineral of Garden Plants» del *Dictionary of Gardening, Supplement*, Royal Horticultural Society (Oxford, 2.ª Ed. 1969). Ya hemos advertido sobre el mantenimiento del valor correcto del pH en el medio; cambios en este valor tienen influencia en el comportamiento de ciertos minerales, un ejemplo importante es que con pH de 6 o más el hierro inorgánico es insoluble y la planta puede mostrar síntomas de clorosis (13). Los síntomas que presentan las plantas que padecen esta carencia consisten en que las hojas se vuelven amarillas y su apariencia en general es de estar poco sanas. La adición de dosis periódicas de Secuestreno (quelato de hierro) la corregirán.

IV. **Plagas e insectos predadores.**—Los más frecuentes son las moscas (verdes o negras), la mosca blanca, la chinche de la harina, la mosca de la vid, orugas, pulgones y ácaro rojo. La lámina de la página 184 ayudará a la identificación de estos insectos, pero algunos como el ácaro rojo son tan pequeños que su presencia normalmente no puede observarse a simple vista hasta que ya han causado ciertos daños. Por ello recomendamos una lupa de gran aumento como parte indispensable del equipo del cultivador de plantas de interior. Será muy útil para el reconocimiento de síntomas. Afortunadamente todos los insectos citados, menos los pulgones y ácaro rojo, pueden combatirse con la amplia gama de insecticidas comerciales. Estos se presentan bien en forma de aerosol o en polvo para aplicar directamente, o bien en líquido o polvo que se diluye en agua para su aplicación. En las condiciones de una vivienda el aerosol es la mejor forma de aplicación puesto que no mancha, aunque no cabe duda de que es menos potente y duradero que la aplicación por rociado sobre la cara superior e inferior de las hojas, o incluso la inmersión total de la planta, *excepto la maceta*, en la solución. Es preferible tener dispuestas ambas formas de aplicación. Los pulgones que atacan con frecuencia a los *citrus*, tienen duros caparazones y son inmunes a la acción de muchos insecticidas. Tienen que rasparse uno a uno de la corteza o del tallo (aburrido proceso), o bién tratarse con una solución de sulfato de nicotina o malathion. El ácaro rojo no es fácil que aparezca, pues sólo prospera en climas secos y el correcto grado de húmedad de la habitación impedirá su su presencia. Cuando los cítricos permanecen a la intemperie en verano, están propensos a la invasión por el ácaro; la decoloración en zonas o las hojas amarillentas indican la presencia del parásito, comúnmente en la cara inferior de las hojas. Un rociado completo

(13) La clorosis se define en el *Dictionary of Gardening Supplement*, de la Royal Horticultural Society, Oxford, 2.ª ed. 1969, como: Palidez anormal de las hojas debida a la destrucción de la clorofila, que constituye la materia verde de las plantas, o la incapacidad para formarla... (íd.). Puede ser debida a diferentes causas, incluyendo entre ellas la deficiencia de elementos nutrientes, especialmente nitrógeno, hierro o magnesio en las raíces; por exceso o falta de riego o la acción de parásitos o enfermedades; condiciones atmosféricas desfavorables, especialmente temperaturas muy altas o muy bajas; enfermedades causadas por virus, etc.

con alguno de los productos recomendados contra el ácaro rojo, repetido con frecuencia, eliminará o por lo menos disminuirá sus efectos. Las babosas, tijeretas y piojos de la madera, etc., pueden también aparecer y deben ser destruidos inmediatamente.

Algunas instrucciones sobre los pesticidas ponen en guardia sobre el perjuicio que pueden causar a otras plantas, las cuales reseñamos en la tabla adjunta (14). Expresando las que pueden resultar dañadas por los ingredientes que se utilizan en los plaguicidas, pero hemos de resaltar que esta lista no es completa y que si se estima que una planta es muy sensible es mejor probar el plaguicida en unas cuantas hojas antes de aplicarlo a toda la planta. Hay que resaltar que los tallos jóvenes son muy delicados y que las flores abiertas pueden resultar perjudicadas.

Esparraguera-aceite de petróleo.
Calceolaria-dimethoato.
Crisantemos—dimethoato, metil-etoato, formotión.

Otros pesticidas como el demeton-S-metilo, diclorvos, y nicotina dañan a algunas variedades, debiendo consultarse las listas de los fabricantes.

Cineraria-metoato, fosfamidón.
Ciclamen-parathión.
Helechos-malatión, azobenceno, diazinón. (Culantrillo de pozo.)
Fuchsia-aceite de petróleo, dimethoato.
Gerbera-azobenceno, malathion.
Hortensias—BHC, dimethoato
Kalanchoe-DDT.
Pilea-azobenceno, malathion.
Prímulas-demeton-S-metilo, dimethoato.
Tradescantia-diclorvos.

V. **Enfermedades agudas por virus, infecciones o por mildiu, hongos, putrefacción de las raices y similares.**—Las enfermedades causadas por virus son poco frecuentes por fortuna en las plantas de interior (excepto en las orquídeas). El único tratamiento es destruir la planta afectada lo antes posible y tratar de impedir que la infección llegue a otras plantas, esterilizando todo lo que haya entrado en contacto con la primera. Los síntomas corrientes de infección por virus son: anillos de células muertas descoloridas, situados en las hojas, y crecimiento deforme. Las infecciones por hongos en las raíces y putrefacción pueden ser corregidas cortando la parte infectada y tratando el resto sano con azufre o un fungicida apropiado. Los hongos y el mildiu de las hojas deben tratarse también con fungicidas. Las instrucciones correspondientes para su uso se encuentran en los folletos que acompañan a los distintos productos.

Sin embargo, es mucho mejor prevenir estos accidentes que curarlos y salvo en algunos casos ello es muy posible. Las normas de conducta que ya hemos dado deberán seguirse escrupulosamente. Especialmente las plantas agradecerán el cuidado y la atención constantes. Sin esta atención ninguna medrará y sólo unas pocas sobrevivirán. Merece la pena examinar las plantas a diario para asegurarse de que las condiciones generales son correctas, que el «asiento» de las plantas está limpio, puesto que la suciedad favorece la infección y la presencia de parásitos; que las plantas tengan un sano aspecto y que estén libres de enfermedades o parásitos. Las enfermedades virosas se propagan normalmente por parásitos, lo que confirma doblemente la necesidad de observar esas precauciones. Además las habitaciones donde se tienen las plantas deberán estar bien ventiladas, puesto que las plantas necesitan aire fresco, tanto por su apariencia como por su salud, pues respiran a través de sus hojas: éstas deberán lavarse con una esponja mojada en una solución al 50 por 100 de agua y leche para eliminar la suciedad y el polvo, siempre que se juzgue necesario. Lo mismo que ocurre con el agua de riego, debe atemperarse esta solución. Puesto que la mayoría de las aguas de grifo contienen cal que puede dejar una fea capa en las hojas, la aplicación de un preparado para dar brillo a las hojas ayudará a mantenerlas con un limpio aspecto y a protegerlas contra el polvo. (Pueden adquirirse en el comercio varios productos para abrillantar las hojas, bien en forma líquida para aplicarlas mediante esponja, o, lo que resulta mejor, en aerosoles: como siempre deberán leerse de antemano las instrucciones, puesto que no todas las plantas pueden ser tratadas de esta manera sin dañarlas.)

Terminamos esta sección con una nota personal: hemos descubierto que las principales causas de la muerte de nuestras plantas han sido el ácaro rojo, descubierto demasiado tarde, y el dejar secarse una planta inadvertidamente. Las plantas de interior exigen mucho tiempo y dedicación, otra cosa sería perder el tiempo. Una vez que se conceda esta dedicación, será muy grande la recompensa en interés y amenidad.

Multiplicación

Aunque la multiplicación de las plantas no entra en el campo de acción de los lectores de este libro, hemos incluido una guía rudimentaria dispuesta en forma de símbolos que detalla los mejores métodos de propagación para cada planta. Por ejemplo, por esquejes foliares o esquejes de tallo, por división, por semillas o por más de uno de estos métodos.

Esquejes.—Hay diferentes opiniones sobre la facilidad de cortar esquejes con éxito y desde luego depende mucho del tipo de planta. Como regla general la facilidad de obtenerlos varía con la blandura de la madera. Cuanto más blanda sea ésta, con mayor facilidad y rapidez prenderá un esqueje. Así *Impatiens* (hierba de Santa Catalina) y las begonias arbustivas son fáciles de esquejar, y las camelias, citrus y gardenias son difíciles.

Debemos tener en cuenta que las plantas tropicales requieren condiciones muy especiales para que los esquejes prendan y sobrevivan. Casi invariablemente necesitan una temperatura elevada, aproximadamente 30° C (86° F) y una muy alta humedad, puesto que el mayor peligro es que se seque el esqueje. Por consiguiente, deben mantenerse en un bastidor cubierto y calentado (15). Es conveniente disponer un termómetro en el abono de los esquejes para vigilar la temperatura; los que se venden para los acuarios de peces tropicales son muy adecuados.

En la mayor parte de las especies, el esqueje debe consistir en un brote vigoroso y reciente de unos ocho centímetros de largo con una sección corta de madera formada, «el talón», cortado en la base con limpieza: en el caso de brotes más largos puede ser más satisfactorio un esqueje nodal. El nudo es la unión de la hoja y debe hacerse un corte limpio justamente debajo de él. Las hojas deben quitarse suavemente desde este nudo. La parte superior blanda del brote y el tallo deben introducirse primeramente en agua y después hasta la altura de un centímetro, en un polvo de hormonas de enraizamiento

(14) Agradecemos a *Commercial Production of Pot Plants*, Bulletin 112, HMSO 1969, página 103, los datos que hemos tomado al tratar de plagas e insectos predadores.

(15) En Gran Bretaña si no se tiene una bandeja de multiplicación eléctrica, el método más satisfactorio es utilizar un multiplicador Stewart en la parte superior de una estufa de invernadero Aladdin; debe dejarse una separación de unos quince centímetros entre la parte superior de la estufa y la bandeja de multiplicación o de lo contrario el calor de la estufa será demasiado intenso para los esquejes (y también para la bandeja que puede fundirse). Es aconsejable poner una placa de amianto entre la bandeja y su soporte.

(puede obtenerse fácilmente en cualquier tienda de jardinería). Cualquier resto de corteza en el tallo que pueda absorber la humedad deberá espolvorearse con azufre, puesto que existe un peligro igual al del secado, que es la pudrición del esqueje por enmohecimiento. El esqueje deberá introducirse suavemente en un pequeño recipiente con abono húmedo para esquejes mejor que abono normal (en caso de *Ficus elastica* el esqueje deberá introducirse más) y se colocará en una base húmeda de turba o arena en el multiplicador que deberá estar protegido de los rayos directos del sol. Siempre que se mantengan las condiciones establecidas y que los esquejes sean aireados dos veces al día para evitar el moho, el resultado es muy aleatorio. A veces los esquejes hacen concebir falsas esperanzas haciendo brotar varias hojitas nuevas, haciendo pensar que han enraizado, cuando por el contrario no han formado raíz alguna, marchitándose inmediatamente si se retiran prematuramente del multiplicador. Es muy fácil precipitarse a retirarlos, pero se debe tener en cuenta que muchos esquejes de maderas duras necesitan meses para enraizar.

El proceso de adaptar un esqueje enraizado a las condiciones de vida fuera del multiplicador es con frecuencia de lo más dificultoso. Debe recordarse lo elevadas que son la temperatura y la huhumedad dentro de un multiplicador; por ello el proceso de adaptación fuera debe ser muy gradual. No es posible esperar que una planta soporte un descenso repentino de unos 15° C (27° F) de la temperatura y del 30 al 40 por 100 de la humedad y que sobreviva; por consiguiente, después de sacar un esqueje enraizado del multiplicador deben utilizarse todos los medios posibles para disminuir gradualmente las condiciones de humedad y temperatura que existían en el multiplicador. El mejor método es colocar el tiesto durante varios días en una bolsa de plástico atada por la parte superior y después gradualmente ir abriendo la bolsa para que penetre el aire. Tan pronto como la planta se recupere de este tratamiento deberá ponerse en una maceta con abono normal del número 1.

Muchas plantas de la zona templada no necesitan este tratamiento intensivo, los esquejes enraizan fácilmente sin multiplicador. Los esquejes, como los de las camelias, que no necesitan protegerse no deberán seguir ese tratamiento, puesto que los peligros del período de multiplicación se aumentan así sin ningún objetivo. Sin embargo, el calor es a veces muy beneficioso en este tipo de plantas; un cultivador de camelias nos ha dicho que mientras antes obtenía un 80 por 100 de fracasos en sus esquejes ahora con el calor obtiene un 90 por 100 de éxitos.

División.—La multiplicación por división, bien de bulbos, cebollas, etc., o plantas, se explica por sí misma. Cuando se ha cortado una planta, la superficie del corte debe ser tratada con azufre para evitar la putrefacción antes de volver a implantarlas en el tiesto.

Semillas.—La multiplicación por semillas también es relativamente fácil. Lo mismo que en los esquejes, las semillas de plantas tropicales precisarán con seguridad un calor subyacente para germinar. Hay opiniones encontradas acerca de cubrir los semilleros con placas de vidrio o de polietileno. La decisión dependerá de la temperatura y humedad circundantes. Si ésta es alta son innecesarias las coberturas, que posiblemente perjudicarán puesto que aumentan el calor y la humedad en el interior, pudiendo originar la inundación y por ello la putrefacción de las semillas y plantitas. Si el ambiente es fresco y seco son muy útiles, pues sin las placas las plantitas se secarían indefectiblemente en pocas horas. De todas formas resulta necesaria una vigilancia constante de los semilleros, al menos hasta que se alcance la segunda o tercera yema foliar. Las bandejas cubiertas con placas de vidrio o polietileno deben destaparse y orearse con frecuencia, y las no cubiertas deben vigilarse constantemente para evitar que se sequen. (Deben regarse con un rociado fino o mediante un embudo introducido en el centro de la bandeja.)

En general, las semillas grandes deben sembrarse más separadas que las pequeñas; los poco expertos suelen sembrar las semillas demasiado cerca unas de otras. Es preferible también utilizar un abono compuesto para semillas. Las plantitas deberán ser sacadas del semillero procurando no dañarlas, colocándolas inmediatamente en los tiestos.

Propósito de este libro

Los términos «plantas de interior» e «invernadero» los sonsideramos sinónimos. Los hemos utilizado para incluir en ellos cualquier planta que pueda ser cultivada en un ambiente similar al de los términos citados y que pueda darse en ellos con el propósito de darnos satisfacción. Por consiguiente, hemos excluido la mayoría de las especies que pueden cultivarse a la intemperie en un clima templado, aunque hemos incluido ciertas especies, como algunas bulbosas, que pueden adornar ambientes interiores mejor que en el exterior. Por lo mismo hemos incluido plantas cultivables bajo protección de vidrio y llevadas al exterior durante el verano, pero que son fáciles de comprar como plantas de interior si no se tienen facilidades de cultivarlas por sí mismo.

En su mayoría las plantas reseñadas en este libro proceden de los trópicos lluviosos y no pueden vivir al aire libre, mucho más al norte o al sur del paralelo 30° N. o S. respectivo. Hemos utilizado deliberadamente la palabra «invernadero» porque un invernadero, una «solana» o habitación similar ampliará enormemente la gama de plantas que pueden cultivarse con éxito, y, como hemos dicho, uno de nuestros principales objetivos en este volumen es aceptar el desafío que ofrece el cultivo de las plantas menos corrientes, exóticas, pero que ofrecen una gran satisfacción.

Hemos tratado, dentro de lo posible, de incluir el mayor número de plantas de interior, pero al final siempre hay un factor de arbitrariedad en la elección. Habrá quien se pregunte por qué hemos elegido una especie y hemos excluido otra. Aquí también ha intervenido el gusto personal. Hasta cierto punto hemos tratado de ser imparciales, pero no hemos ocultado nuestra preferencia por las plantas «activas» antes que las relativamente inertes, por aquellas que tienen flores atractivas y las que tienen una agradable fragancia, lo que consideramos uno de los más grandes placeres que puede proporcionar una planta de interior. Finalmente, donde podíamos elegir hemos mostrado preferentencia total por las flores sencillas más bien que por las dobles, y por las flores que tengan pureza de formas, aunque mostramos igualmente nuestra fascinación por las flores exóticas.

Símbolos

La mayoría de las plantas aquí descritas tienen características similares en su cultivo. Por ello resultará tediosa la repetición de ciertas instrucciones de cultivo. Por tanto, se han pensado una serie de símbolos siguiendo el método de las *Guías Michelín*, que resumen las principales características y las necesidades de cada planta. Los símbolos se explican en la página 15 y con su lectura se obtendrá una norma general de rápida y fácil comprensión.

Disposición del libro

Cada género tiene un artículo por separado, dispuestos en orden alfabético, excepto en ciertos grupos de plantas, que por conveniencia han sido tratados en conjunto y no por separado; éstos son, por ejemplo, los cactus, las bulbosas más conocidas, los helechos, las orquídeas y las palmeras.

Las familias a que pertenecen los géneros se han dispuesto en una tabla en la página 186, dedicada a aquellos que deseen especializarse en alguna familia.

Se ha incluido también un glosario de la mayoría de los términos técnicos utilizados, aunque hemos tratado de usar el mínimo posible de ellos.

Agradecimientos

Queremos expresar nuestra gratitud a los que nos han prestado ayuda. Primero al *Dictionary of Gardening*, cuatro volúmenes (Oxford, 1965), y *Supplement* (Oxford, 1969) de la Royal Horticultural Society. Se trata de una de las mejores publicaciones de consulta y práctica; sin su consulta no habríamos podido iniciar este libro. Si se cita explícitamente en pocas ocasiones es para evitar la repetición constante de nuestra gratitud. Sin embargo, no hay especie reseñada en la que no hayamos consultado este diccionario. También hay que citar el libro americano *Hortus Second*, por L. H. y Ethel Zoe Bailey, un tratado de gran mérito, que hemos utilizado para cotejar nuestros datos. Finalmente, mencionaremos el magnífico *Wild Flowers of the World*, ilustrado por Bárbara Everard y escrito por Brian D. Morley, Londres y Nueva York, 1970.

Hay también libros muy estimables sobre plantas de interior, como *The Rochford Book of House Plants*, Londres, 1961, de Rochford y Gorer; y de los mismos autores, *The Rochford Book of Flowering Pots Plants*, Londres, 1966, y Nueva York, 1964; y de Elbert y Hyams, *House Plants*, Londres, 1967, y Nueva York. También, *Pocket Encyclopoedia of Indoor Plants in Colours*. Londres, 1969, y Nueva York, 1970. Agradecemos muy especialmente a los tres libros primeramente citados las enseñanzas recibidas, pero no olvidamos la valiosa aportación de los demás.

Otro libro inestimable de carácter más general es el didáctico *Dictionary of Garden, Plants in Colours, with house and Greenhouse Plants*. Londres y Nueva York, 1969, de Hay y Synge. Libros excelentes que tratan de temas específicos como Cactus y Orquídeas los citamos en su lugar apropiado. Para el glosario hemos seguido el *R. H. S. Dictionary of Gardening* y el muy útil *Garden Term Simplified*, de A. J. Huxley, 2.ª edición, 1971.

Cita de «Werner von Braun», tomada de *Tom Lehrer's Second Song Book* por Tom Lehrer, usada con permiso de Crown Publishers Inc., Nueva York, 1968, y Elek Books Ltd., Londres.

Queremos agradecer la ayuda de varios jardineros y viveros, entre ellos: Thomas Butcher, Clifton Nursery, The Flower House, P. de Jager and Sons, Hillier and Sons, Rassell's, Thomas Rochford and Sons, Thopmson and Morgan, Treseder's Nurseries; los especialistas en orquídeas: Burnham Nurseries, Neville Orchids, Wyld Court Orchids; y los especialistas en Epiphyllum y Cactus, Auger Epiphyllums.

También estamos muy agradecidos al director y al ayudante de los Royal Botanic Gardens, de Kew y al director y ayudante del Royal Horticultural Society's Garden en Wisler por su preparación de plantas para ser fotografiadas; muy especialmente agradecemos a Mr. Ernest Crowson, F.R.P.S., A.I.I.P. su destreza en la obtención de gran número de las fotografías de este libro.

Finalmente, nuestra gratitud a Mr. Tom Wellsted por su cuidadosa revisión del texto y por las sugerencias que hemos adoptado.

Privilegios Fotogràficos

Agradecemos a los siguientes propietarios de los derechos (privilegios) fotográficos por autorizarnos la utilización de sus transparencias en color:

Michael Ambergerg. Foto: 60.
Ernest Crownson. Fotos: 31, 78, 118, 159, 179, 225, 226, 241, 254, 264.
Valerie Finnis. Fotos: 19, 41, 49, 95, 113, 152, 188, 229, 267.
Anthony Huxley. Fotos: 7, 112, 250, 252, 260, 261, 273.
P. de Jager & Sons. Foto: 171.
Dr. George Kalmbacher. Fotos: 58, 85, 86, 130, 136, 161, 174, 176, 177, 180, 187, 196.
Elsa M. Megson. Fotos: 1, 80, 192, 207, 246, 253.
George Raimbird Ltd. Fotos: 2, *3*, 5, 10, *13*, 15, *16*, *20*, *21*, 29, 30, 32, 33, *39*, 40, 42, 43, 44, 45, 47, 51, 53, 54, 55, 56, 62, 65, 66, 67, 68, *71*, 72, 73, 74, 75, 76, *79*, 83, *87*, *89*, 91, 96, 99, *101*, 102, 103, *116*, *117*, 119, 121, 122, *125*, 126, 127, 128, *129*, 131, 142, *143*, 149, 153, 155, 157, 168, 172, *181*, *183*, *185*, *191*, 193, *197*, 200, 201, 202, 205, 206, 208, 212, 213, 214, 215, *218*, 219, 221, 222, 224, *238*, 242, 247, 248, 257, 263, 265, 266, 272, 275, 279, 283, 285. (Los números en itálicas se han reproducido por cortesía de Ilford Ltd.)
Harry Smith. Fotos: 46, 52, 81, 97, 105, 106, 154, 190, 239.
G. Wells. Fotos: 8, 14, 90, 132, 138, 141, 144, 184, 204, 216, 249, 277, 280.
Dennis Woodland. Foto: 194.

También agradecemos a Murphy Chemical Ltd., quienes muy amablemente nos ha proporcionado las transparencias de la lámina de Plagas y Enfermedades (página 184).

Las restantes fotografías fueron especialmente encargadas para este libro por los autores. La mayoría fueron hechas por Ernest Crowson, FRPS, AIIP, a quien expresamos nuestra gratitud. También han contribuido Ellen McNeilly, foto 12; Fred Somerset, fotos 164 y 251, y Dennis Woodland, fotos 61, 93, 94 y 274.

Explicación de los símbolos

Las plantas tienen flores vistosas.

La planta es aromática.

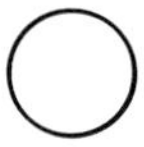

La planta necesita por lo menos cinco horas diarias de sol durante su período activo.

La planta necesita por lo menos tres horas de sol.

La planta necesita por lo menos dos horas de sol.

La planta puede vivir con muy poca luz o hasta sin luz solar directa.

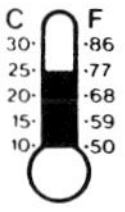

La parte oscura del termómetro indica la temperatura ideal para la planta. El límite superior indica la temperatura que conviene a la planta durante el día en el período activo, y el límite inferior indica el grado bajo el cual la temperatura no puede descender sin peligro para la planta.

Representa el grado de humedad en que debe ser mantenida la tierra (esto no significa humedad, sobre ello hacemos una advertencia general en la página 6). La marca negra en la mitad de la figura, para la mayoría de las plantas, significa que la tierra debe mantenerse húmeda, pero no empapada. La marca alcanzando las tres cuartas partes significa «mantener empapada», y la marca alcanzando sólo un cuarto de la figura significa que la tierra debe mantenerse más bien seca.

Indica que precisa «mezcla de suelo». Los suelos mezclados núms. 1, 2 y 3 se detallan en la pág. 9.

El método o métodos más efectivos de multiplicación de la planta se exponen dentro de un cuadro con los siguientes símbolos:

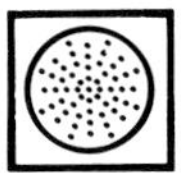

Semillas.

Esquejes foliares.

Esquejes de tallo.

División.

Abutilon

Plantas delicadas y agradables, con flores a menudo acampanadas, normalmente en combinaciones de color amarillo o blanco y rojo. Algunas especies crecen mucho y pueden ser utilizadas como trepadoras. Tienen la ventaja de florecer a veces en invierno (no obstante, sus costumbres parecen ser irregulares).

Abutilon bedfordianum, que crece como un arbolito, es grande y hermoso, con pétalos amarillos franjeados de rojo. *A. megapotamicum* es una mata y es quizá la mejor especie, tiene flores acampanadas, constituidas por un cáliz rojo y pétalos amarillos, entre los que están agrupados los largos estambres y pistilos, pareciendo el badajo de una campana. Hay una variedad con hojas delicadamente jaspeadas. *A. striatum* tiene flores anaranjadas con venas rojas, y también hay una variedad *thomsonii* con hojas jaspeadas.

Algunas especies, por ejemplo, *A. megapotamicum*, resistirán una temperatura hasta de 0° C (32° F), pero la mayoría son delicadas; necesitan abundante luz para inducirlas a florecer, una temperatura de unos 20° C (68° F) y mucha agua cuando están activas, si bien nunca deben estar empapadas.

Los esquejes de los tallos leñosos viejos, enraizarán fácilmente a una temperatura de unos 20° C (68° F).

Acacia

Las acacias se venden en grandes cantidades como flor cortada, en los países del Norte durante el invierno, y se ven en flor abundantemente, desde el principio de la primavera, a lo largo de la costa Mediterránea y en climas similares. Es la «mimosa» de los floristas, si bien, correctamente, el nombre pertenece a otro género (v. e.).

El delicado follaje perenne y el evocador aroma de las cabezuelas plumosas de los pompones de flores amarillas hace de ellas una de las plantas más tentadoras para poner en el hogar, si bien sus costumbres constituyen un desafío al cultivador.

Hay numerosas especies y lo mejor es adquirir aquellas que ofrece el vivero, comprobando, no obstante, si las flores son aromáticas y que el árbol o arbusto soporte una fuerte poda; ambas cosas serán así casi con certeza. Las especies mencionadas aquí son todas aromáticas.

Bastantes árboles de acacia crecen mucho, a veces alcanzando hasta unos 30 metros; sin embargo, en su juventud son aptas para invernaderos o porches soleados. *Acacia armata*, *A. baileyana*, *A. dealbata*, *A. riceana* (sinónimo, *A. decurrens*), *A. podalyriifolia*, *A. pubescens*, *A. retinoides* y *A. riceana* se recomiendan especialmente; *A.* × *veitchiana* (1) (conocido como híbrido Exeter), a pesar de ser débilmente olorosa, es una hermosa especie «péndula». Hay también numerosos arbustos de unos 90 centímetros a 1,80 metros aproximadamente, como, por ejemplo: *A. drummondii*, *A. hastulata* y *A. oxycedrus*.

Las acacias, si es posible, deben ser colocadas a la intemperie desde junio a septiembre. La mayoría de las especies resistirán temperaturas de hasta 5° C (41° F). Como enraízan muy fácilmente, pronto utilizan los elementos nutrientes en una maceta pequeña y por esto deben ser abonadas con un fertilizante durante todo el año, con más frecuencia cuando las yemas están empezando a desarrollarse. Las hojas de *A. dealbata* pueden amarillear y caer si se deja secar la maceta o permanece demasiado húmeda, o si la atmósfera llega a estar demasiado cargada. (Algunas de las hojas más viejas amarillearán de todas formas.)

El ácaro rojo es el peor enemigo de algunas especies. *A. dealbata* y *A.* × *veitchiana* pueden ser también atacadas por orugas, que retuercen las hojas en «cucuruchos». En general hemos hallado estas dos como las más difíciles de adaptar a las condiciones de interior. La multiplicación por semillas es mucho más fácil que por esquejes (de tallos leñosos semimaduros, con un nudo), que sólo tropieza con dificultades. Sin embargo, con frecuencia, la germinación parece interminable por la anormal cubierta dura de la semilla. Si éstas se empapan abundantemente durante media hora en ácido sulfúrico diluido, después de lavadas abundantemente, germinarán mucho más rápidamente.

(1) *Acacia longifolia* × *riceana*, que se presenta como una planta de semilla de *A. riceana*. (*Manual of Trees and Shrubs*, por Hillier, 1972.)

Acalypha

La única especie de interés para el cultivador de plantas de interior es *Acalypha hispida* «colas de gato», que es poco conocida, con florones gruesos y largos, de flores color rosa intenso; como dicen Rochford y Gorer, «parecidos al famoso Amaranto Sanguíneo» (N. del T. «moco de pavo», en castellano.) Es un gran arbusto y las plantas pueden alcanzar eventualmente más de 3 metros.

Sin embargo, no es una planta fácil, porque necesita constantemente una temperatura elevada y un ambiente muy húmedo. Para la mayoría de la gente es una planta a comprar en las florerías, un gozo durante la estación florida; después se tira.

Es propensa al gorgojo de la harina y al ácaro rojo.

1

1. *Abutilon* «Kentish Belle»

2. *Acacia decurrens var. dealbata*

3. *Acalypha hispida*

2

3

Achimenes

Atractivas plantas de maceta, floridas, que son ampliamente cultivadas. *Achimenes longiflora* es la especie más satisfactoria; las grandes flores tubulosas, ensanchadas al final, pueden ser azules, violetas, rosas o rojas y hay también una variedad blanca. Hay otras atractivas especies y variedades en una amplia escala de colores.

Si la planta se compra en flor, irá muy bien durante la estación activa con buena luz (pero protegida del sol directo) y con humedad abundante. Cuando la floración ha terminado, la planta debe colocarse en un lugar iluminado y ventilado para permitir madurar a los retoños. El tallo eventualmente empezará a amarillear y la planta se marchitará; en este momento debe guardarse seca a una temperatura de unos 10° C (50° F). En los meses de febrero y marzo siguientes (dependiendo de que haya una temperatura de unos 20° C (68° F), la planta debe sacarse de su maceta y los pequeños rizomas escamosos, algo delicados —con las hojuelas agrupadas estrechamente en un tallo parecido a un joven amento— deben plantarse en tiestos, dejando unos 5 centímetros entre cada rizoma, cubiertos con unos 2 centímetros de tierra.

Un repicado selectivo durante el crecimiento estimulará un desarrollo más sostenido y florecerá más.

Los achimenes son propensos a la araña roja, pero se protegen si se les proporciona una atmósfera tan húmeda como necesitan. Sólo debe utilizarse un insecticida ligero, porque el follaje es delicado.

Adiantum — ver HELECHOS

Aechmea

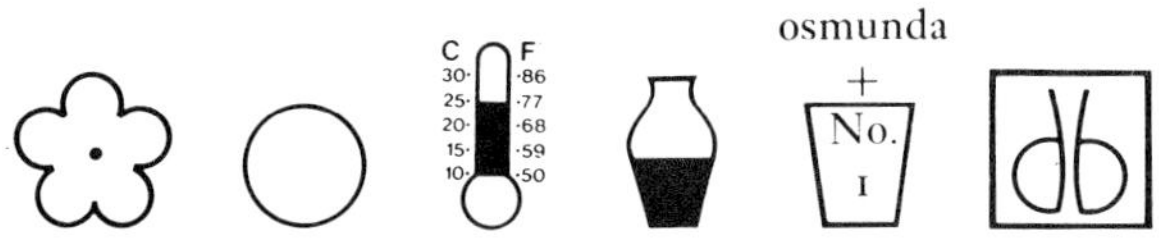

Una de las más populares, aunque la menos elegante, de la familia de las bromeliáceas. Hay un número bastante grande de especies acreditadas, con inflorescencias espectaculares o curiosas, en las que normalmente las brácteas son las más destacadas.

La especie que se ofrece más a menudo a la venta es *Aechmea fasciata* (algunas veces conocida como *Billbergia rhodocyanea*). Una planta crecida en el hogar tiene a lo sumo unos 60 cetímetros de ancho y unos 45 centímetros de altura; las hojas son verde grisáceas, tiene un flamante tallo con afiladas brácteas, puntiagudas, de color rosa, que lleva pequeñas flores azules que cambian gradualmente a rosa y que asoman entre las fibras de las brácteas.

Aechmea fulgens tiene una inflorescencia dispuesta sobre un largo escapo escarlata, que lleva numerosas brácteas bacciformes de color escarlata, las cuales encierran pequeñas flores azul púrpura. También *A. macracantha*, con follaje color vino tinto y brácteas rojas que encierran las flores; *A. mariae-reginae*, con grandes brácteas brillantes, rosas, en forma de nave; y hay otras muchas.

El gran problema con las aechmeas, como con la mayoría de las bromeliáceas, es que produzcan flores en la segunda estación y las siguientes después de que la planta ha sido comprada. Elbert e Hyams citan los ensayos de Gowing y Leeper con los efectos de la B-hydroxietilhidracina (BoH) en la Piña de América, lo que condujo a la «Olin Mathieson Company» a descubrir un nutriente llamado Omaflora, que se utiliza para producir inflorescencias en el espacio de muy pocas semanas después de su aplicación. Estos autores también citan al Dr. George Milstein de Nueva York, por sus éxitos al colocar la planta en una bolsa de plástico durante cuatro días con dos manzanas maduras; nosotros hemos seguido este método con *Tillandsia Lindeniana* con asombrosos resultados.

Como otras muchas bromeliáceas, las aechmeas son epifíticas y en sus condiciones naturales obtienen sus nutrientes del agua y de la materia orgánica que recogen en sus «rosetas» o en sus hojas basilares. Sin embargo, esto es a falta de otra cosa, porque el Dr. J. Sieber (1) ha descubierto que la nutrición a través de las raíces daba mejores resultados que mediante las hojas, y que una combinación de las dos daban un óptimo resultado, porque en las condiciones del cultivo de invernadero, el fósforo y el potasio eran absorbidos enteramente a través de las raíces, y el nitrógeno a través de las hojas. Así, una solución de Phostrogen sería el nutriente ideal para regarlas. Se les debe permitir un período de descanso durante el invierno.

Los insectos perjudiciales y los pulgones son las plagas que causan más daño a las bromeliáceas jóvenes y maduras, respectivamente, aunque estas plagas no aparecen con frecuencia.

La multiplicación es normalmente sencilla, así los nuevos retoños (renuevos) se forman abundantemente. En este momento deben separarse los vástagos de la planta madre con un cuchillo afilado, tratando la incisión en ambas plantas con azufre en polvo, trasplantándolas después. Es improbable que la planta madre produzca nuevas flores, pero continuará produciendo vástagos. También pueden conservarse sólo por su follaje.

(1) Citado por Rochford y Gorer en *The Rochford Book of House Plants*, página 143.

4

4. Híbridos de Achimenes
«Ambroise verschaffelt» (1)
«Queen of Sheba» (2)
«Paul Arnold» (3)
«Dr. Hoff, (4)
longiflora (5)

5. *Aechmea fulgens*

6. *Aechmea fasciata*

5

6

Aeonium

Los aeonium que pertenecen a la familia de las crasuláceas, forman rosetas de hojas en tallos sencillos o ramificados. Si las plantas se extienden demasiado, las rosetas pueden cortarse y si es necesario pueden usarse como renuevos. Las flores de las especies más interesantes son amarillas o doradas, pero también las hay de color blanco verdoso o rosa.

Aeonium × *domesticum* (del que es sinónimo *Aichryson* × *domesticum*) ha sido mencionado por Rochford y Gorer. El carácter más singular en ellas es que dejan caer sus hojas gradualmente y causan un atractivo efecto. Necesitan luz intensa, y si no puede proporcionárseles deben mantenerse en un lugar fresco o se marchitarán.

Aeschynanthus

Menos conocido que *Columnea*, género con el que *Aeschynanthus* está estrechamente relacionado. Son plantas atractivas, de follaje verde oscuro y flores de forma y color llamativos (1). Son generalmente epifíticas, con hábito trepador o disperso; pueden, por tanto, ser usadas como plantas de maceta o de canastilla.

Cuando se usan para canastillas forrarlas primero con plástico, después añadir musgo de Sphagnum y completar con el compuesto número 1. Las plantas necesitan mucha agua y abonos; debe recordarse que las cestas se secan mucho más rápidamente que las macetas. Además son propensas a perder sus hojas y sus yemas si el ambiente está demasiado seco. *Aeschynanthus lobbianus*, con flores amarillas y escarlata y atractivas legumbres seminíferas, es la especie más corriente; pero hay otras, como *A. grandiflorus* (con flores de color rojo intenso y anaranjadas) y *A. speciosus* (con flores de color anaranjado intenso), que son igualmente bellas.

(1) El *Dictionary of Gardening*, de la Royal Horticultural Society, menciona la «agradable fragancia» de *Aeschynanthus*, pero hay algunas especies en las que falta.

Agave

Género algo relacionado con *Aloe*, pero perteneciente al Nuevo Mundo. Las hojas largas, espinosas, a menudo suculentas, tienen un aspecto atractivo, pero los agaves crecen lentamente, y pasan algunos años antes de que aparezca la floración verde o parduzca, pero no cien años, como indica el nombre inglés (Century Plant). (N. del T. en español se llama «pita» o «magüey».)

Las más pequeñas, y, por tanto, las especies más prácticas son: *Agave albicans*, *A. filifera*, *A. parviflora* y *A. victoriae reginae*, aunque también en éstas las espigas floridas pueden ser muy altas.

Los agaves son plantas resistentes y se beneficiarán permaneciendo a la intemperie durante el verano.

Aglaonema

Planta utilizada por su follaje, que crece bien en un cierto grado de sombra. Las hojas tienen unos 22 centímetros de largo, y varias tonalidades de verde, generalmente con tinte blanco o de otro matiz.

Se beneficia del riego frecuente y de un alto grado de humedad.

Aichryson — ver AEONIUM

7. *Aeonium domesticum variegatum*

8. *Aeschynanthus lobbianus*

9. *Agave victoriae-americanae*

10. *Aglaonema* «Silver Queen»

7

8

9

10

Allamanda

Allamanda cathartica, con sus racimos de grandes flores brillantes de color amarillo en forma de trompeta, es la planta exótica trepadora que en mayor profusión se ofrece a la venta, gracias a la actividad de algunos cultivadores.

Desafortunadamente, es más bien una planta de invernadero que de interior. Crece excesivamente, pero puede y debe podarse drásticamente si se utiliza como planta de maceta. Tiene un problema más: necesita las condiciones tropicales de su habitat natural. La temperatura no debe bajar de 10° C (50 F), y cuando está brotando para florecer, necesitará una temperatura entre 20°-25° C (68°-77° F), con humedad plena tanto en el ambiente como en el suelo; sin embargo, debe tener siempre buen drenaje, de lo contrario las hojas viejas amarillearán y caerán, o peor aún, la planta se marchitará si se somete a temperaturas superiores a 25° C (77° F), a menos que se mantenga a la vez húmedo y aireado el ambiente. El único recurso, si la temperatura es elevada, y no puede mantenerse la humedad adecuada, es dejar la planta sobre una capa de agua de unos 2 centímetros durante el período más caluroso, quitándola del agua tan pronto como baje la temperatura para evitar que se dañe.

Es una proeza conseguir que la planta florezca una segunda temporada; no obstante, es tentador disfrutar de ella por lo menos durante una estación.

La variedad *grandiflora* tiene flores más grandes, parecidas a las de Convolvulus, y además hay otras variedades atractivas.

Allophyton

Una atractiva plantita, *Allophyton mexicanum* (hasta hace poco llamada *Tetranema mexicanum)*, tiene flores púrpura pálidas, menudas, semejantes a las de «Boca de dragón», las que producirá en profusión durante todo el año.

Aloe

Un género variado, que comprende desde pequeñas matas a grandes árboles. De diferente familia (Liliáceas) que el género *Agave* (Amarilidáceas), los áloes son algo parecidos en sus hojas a los agaves, aunque no en sus flores, y recuerda a sus similares del Viejo Mundo, procedentes primitivamente de Africa, India y las islas circundantes. El atractivo de los áloes más interesantes radica en la belleza de su follaje, puesto que pocas especies florecerán, por lo menos en Gran Bretaña. *Aloe aristata*, *A. ciliaris*, *A. petrophila* y *A. variegata* son excepción. Las afiladas hojas carnosas y gruesas, normalmente con bordes dentados, están dispuestas en roseta abierta, o a veces en espiral o alineadas desde la base.

Necesitan riego frecuente durante el desarrollo, pero la tierra debe estar siempre bien drenada y debe suspenderse el regado durante el período inactivo. Si es posible hay que colocar las plantas a la intemperie durante el verano, pues el colorido de las hojas se beneficiará de los rayos solares directos. Deben plantarse cada dos o tres años, eliminando las hojas secas.

Los áloes pueden ser atacados en el interior de la planta por el coco de la harina, que se mostrará por una secreción cérea formada entre las hojas. Debe tratarse inmediatamente con la aplicación de polvos de Derris, Malathion o alguna otra sustancia que o bien penetre a través de la cera o bien le mate pasando por la savia de la planta.

Alpinia

Alpinia es un miembro de la exótica familia de las zingiberáceas. Es aromática, y los rizomas normalmente tienen el sabor y el aroma del jenjibre. Muchas especies tienen llamativas flores. Las plantas tienden a crecer mucho, aproximadamente 1,80 metros de alto y por ésto sólo son factibles en un invernadero.

Alpinia rafflesiana, con flores de color amarillo dorado, es la que más fácilmente se encuentra en el comercio, y en la variedad *sanderae*, cuyas verdes hojas pequeñas y brillantes tienen amplias vetas blancas. Hay además otras especies más llamativas, como *A. bracteata*, *A. malaccensis*, *A. mutica* y *A. speciosa*.

Para tener verdadero éxito en la producción de flores deben proporcionarse a la planta condiciones netamente tropicales. Necesitan abono muy fértil. Sus hojas amarillean y caen después de la floración.

La multiplicación se hace mejor en primavera, cuando las plántulas tienen unos 2 centímetros y medio de largo.

11. *Allamanda cathartica*

12. *Allophyton mexicanum*

13. *Aloe variegata*

14. *Alpinia speciosa*

11

12

13

14

Amaryllis

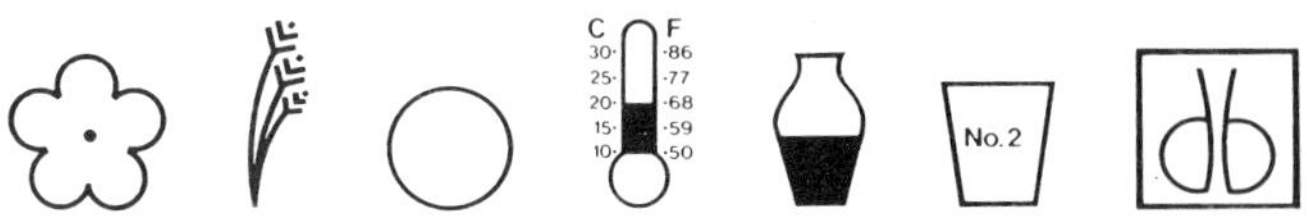

Aunque *Amaryllis belladonna* está emparentada con el narciso, las preciosas y fragantes flores se parecen a las de «Azucena trompeta». A veces, durante el invierno, se producen algunas flores rosadas en el ápice de un tallo de unos 60 centímetros de alto.

A. belladonna es resistente en jardines templados, pero cuando crecen en interiores como plantas de maceta los grandes bulbos deben tratarse como los hippeastrum (ver éste). Los bulbos se venden normalmente bajo el nombre de «Amaryllis».

Amomum *cardamomum* — ver ELETTARIA *cardamomum*

Angraecum — ver ORQUIDEAS

Anthurium

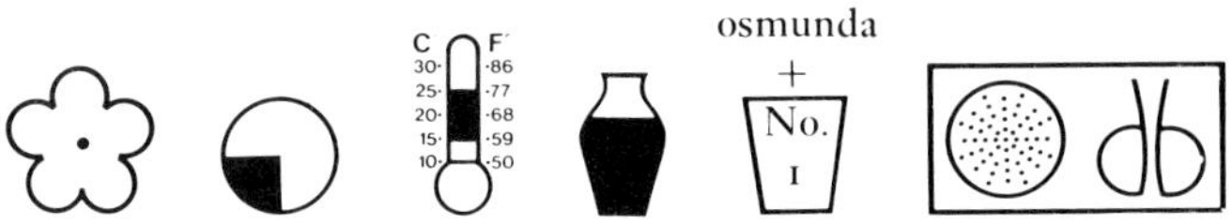

La espectacular apariencia de un anthurium en flor con el espádice saliente en punta, de un rojo brillante, gustará a unos y a otros no. Las flores están situadas en una hermosa hoja.

Hay numerosas especies e híbridos, y es mejor elegir una planta en flor porque las flores se conservan bien, pero no son fáciles de conseguir.

Las plantas necesitan un ambiente muy húmedo, con abundancia de riego y buen drenaje.

La multiplicación es por semillas o por fragmentación; en este caso debe tenerse cuidado de no dañar las frágiles raíces.

Aphelandra

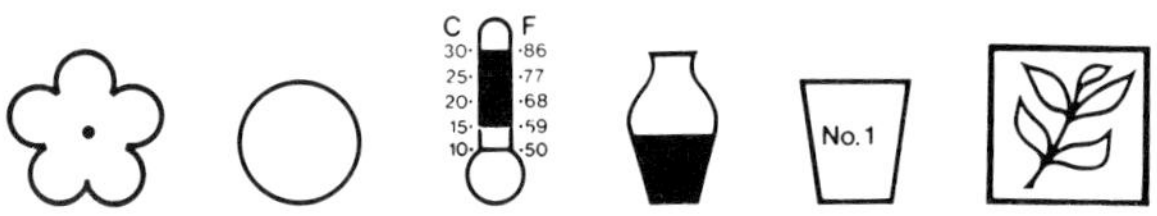

Las aphelandra son un perfecto modelo para los fabricantes de flores de plástico; si no hubiesen existido no se habrían atrevido a copiar flores. Sin embargo, algunas de las artificiales no deben rechazarse e incluso pueden mezclarse con las naturales, especialmente con las perennes. Las hojas son de un verde brillante, y en la variedad más vendida están matizadas de blanco cremoso. Las flores, flabeladas desde una espiga central, son por lo común amarillo-anaranjadas o escarlata.

Aphelandra squarrosa y sus variedades de flores amarillas y brácteas anaranjadas o rojas es la especie que se encuentra con más frecuencia; pero la *A. fascinator* (con flores escarlata), la *A. chamissoniana* (amarillas) y *A. margaritae* (anaranjadas o amarillas) se recomiendan también.

Las aphelandra necesitan mucha luz y humedad hasta que comiencen a florecer y así durarán mucho más que si se conservan en un ambiente muy seco.

Una vez que han florecido pueden tener que desecharse, pues en invierno difícilmente florecerán de nuevo sin las condiciones de un invernadero.

Aralia

Muchas de las plantas que inicialmente estaban incluidas en este género han sido asignadas recientemente a otros. Las que describimos se encuentran bajo los nombres siguientes:

Aralia elegantissima — ver *Dizygotheca elegantissima.*
A. japonica — ver *Fatsia japonica.*
A. schefflera — ver *Schefflera digitata.*
A. sieboldii — ver *Fatsia japonica.*

15

15. *Amaryllis belladonna*

16. *Anthurium andreanum*

17. *Aphelandra squarrosa louisae*

16

17

Araucaria

La *Araucaria excelsa* (Araucaria de Norfolk) es quizá la especie más satisfactoria para medrar en interiores; pertenece a un género que comprende la *A. araucana* (Pino Araucano). Pueden crecer hasta unos 60 metros, pero las plantas jóvenes, con sus hojas compactas, simétricas y subuladas, tienen una gran fuerza decorativa.

Ardisia

Una útil planta, pues siempre tiene algo de interés: el follaje es perenne, los ramilletes de flores son rojos, rosas, blancos o púrpura, y el fruto (bayas), que puede conservarse en la planta durante todo el invierno, hasta la siguiente floración, es normalmente rojo brillante, aunque en algunas especies es negro.

Ardisia crispa, *A. japonica* y *A. mamillata* son tres especies recomendables.

Cuando el arbusto tiene entre 45 y 60 centímetros de altura está en su óptimo. Al comienzo de la primavera siguiente deben dejarse secar un poco las raíces; después se debe cortar la planta desde abajo, a una distancia de unos 5 centímetros del suelo; volver de nuevo a regar y se iniciará un nuevo desarrollo. La tierra debe ser ligeramente ácida.

Aregelia — ver NEOREGELIA

Argyroderma — ver MESEMBRYANTHEMUN

Aristolochia

Estas exóticas plantas exuberantes y trepadoras son de invernadero no de hogar, y tienen crecimiento tan vigoroso que deben ser fuertemente frenadas en su desarrollo, aun en las condiciones de invernadero. Si se tiene un soporte es mejor que la planta se arrolle en espiral a su alrededor, con las vueltas separadas unos 5 centímetros. En otro caso es imprescindible una tela metálica o entramado de madera para soporte.

Las flores de la mayor parte de las especies son de una forma poco común, semejantes a orquídeas encerradas en un embudo; en algunos casos tienen un desagradable olor.

Es preferible elegir plantas perennes que anuales. *Aristolochia elegans* (Aristoloquia, Candiles), con flores curiosas en forma de copa de color pardo-purpúreo, veteadas de amarillo o blanco, es la más común, pero es anual, como *A. brasiliensis* (de color púrpura con trazos más oscuros). *A. odoratissima* (con flores púrpuras y con un agradable aroma) y *A. ringens* (con grandes flores de color verde claro manchadas de púrpura negruzco) son perennes, entre ellas son las que merece la pena cultivar.

Las hojas son propensas a los ataques por insectos, particularmente del ácaro rojo.

Arum

No debe confundirse con la más grande y espectacular «Cala etiópica», *Zantedeschia aethiopica*. Los arum son plantas bastante atractivas, tanto por sus flores como por sus hojas. *Arum italicum marmoratum* (con hojas jaspeadas y bayas brillantes), *A. orientale* (con espata púrpura oscuro) y *A. palaestinum* (espata púrpura) son quizá las mejores especies.

Para su cultivo ver *Zantedeschia*.

18. *Araucaria excelsa*

19. *Ardisia crispa*

20. *Aristolochia elegans*

21. *Arum creticum*

18

19

20

21

Asparagus

Las flores son poco vistosas, pero las finas hojas son delicadamente atractivas y la planta produce bayas durante todo el invierno. Se recomiendan *Asparagus madagascariensis*, con bayas rojas; *A. plumosus*, con bayas negruzcas, y *A. sprengeri*, una liana con bayas rojas brillantes, que es particularmente apta para cestillos colgantes. *A. meyeri*, una especie densamente apretada, es también muy decorativa y apta para el mismo uso.

Aspidistra

Una imponente perennifolia, que se extenderá, si se abandona, porque gusta de la humedad plena y responderá a nuestro cuidado dando hojas oscuras brillantes, libres de feos puntos pardos. *Aspidistra lurida*, con hojas de hasta 50 centímetros de largo, es la especie más hermosa; también presenta una forma jaspeada.

Asplenium — ver HELECHOS

Azalea — ver RHODODENDRON

Bambusa

Si se tiene espacio suficiente y un estilo apropiado de decoración «fin de siécle» o moderno, pueden ser muy eficaces algunas especies de bambú.

El género comprende desde especies completamente tropicales, como *Bambusa arundinacea* y *B. vulgaris*, hasta *B. glaucescens*, originaria al parecer de China y Japón. *B. glaucescens* y sus variedades son posiblemente las mejores de las que nos interesan y pueden ser resistentes y relativamente manejables.

Hay muchos géneros relacionados con éste.

Bauera

Un discreto arbustito de hoja perenne; *Bauera rubioides*, la mejor especie, tiene flores rojo pálido, salpicadas de rosa o blanco, que aparecen generalmente durante todo el año. Las baueras son calcífugas, pero por otra parte se cultivan con facilidad. Si la planta se extiende mucho, debe podarse después de la floración. No precisan mucho abono.

22. *Asparagus plumosus* (1), *A. sprengeri* (2), también *Calathea zebrina* (3), *Gynura aurantiaca* (forma púrpura) (4), *Setreasea purpurea* (5)

23. *Aspidistra lurida variegata*

24. *Bambusa sinobambusa tootskik*

25. *Bauera rubioides* (forma blanca)

22

23

24

25

Bauhinia

Bellos arbustos, árboles o lianas, en su mayoría con delicadas hojas lisas, verdes, reniformes, de la textura de algunos eucaliptos y con flores racemosas igualmente delicadas, con largos pétalos ondulados y libres.

Es difícil elegir una especie determinada. *Bauhinia corymbosa*, tiene pétalos rosáceos; *B. galpinii*, los tiene escarlata; *B. acuminata*, blancos; *B. purpurea*, rosa oscuro con blanco, y *B. tomentosa*, amarillo pálido con una mancha parda o roja en la base.

Estas plantas necesitan los cuidados normales de las plantas tropicales y florecerán bastante bien con mucha luz. Merece la pena conocerlas más a fondo.

Los esquejes necesitan humedad, así como cama caliente (calor en el fondo) para poder enraizar. Deben haber mudado sus hojas. No son fáciles de tratar. Las semillas son más seguras para obtener éxito, aunque también tienen sus riesgos. Quizá el más grande sea una tendencia a pudrirse después de que han germinado. Esto probablemente es debido a las condiciones en que han sido plantadas por el cultivador y no por causa de ellas.

Begonia

Si le gustan las begonias es usted afortunado, porque no hay ningún género de planta tan adecuado para el cultivo en interior. Además ofrece una gran variedad de colorido y formas en flores y hojas. Si se dedica a begonias puede elegir fácilmente entre novecientas especies aproximadamente; de éstas, un grupo de una media docena le darán una colección de flores y follaje decorativo durante todo el año.

Los que se especialicen deben consultar las monografías sobre este tema. Lo que aquí reseñamos está dedicado a los no especialistas o como una guía preliminar para los principiantes.

Pueden aplicarse ciertos principios generales al cultivo de todas las begonias. Son sensibles al exceso o falta de riego. Por ello deben cultivarse en suelo poroso, que se mantendrá bien drenado pero húmedo, durante el período activo. Para una buena floración, las begonias necesitan mucha luz, pero debe evitarse la acción directa de los rayos solares. La temperatura debe ser aproximadamente de 20° C (68° F) para provocar la floración, pero debe ser menor una vez que han florecido; lo ideal es por debajo de 15° C (59° F). Necesitan un fertilizante equilibrado durante el período activo cada cuatro semanas.

Una vez dicho esto es necesario dividir las begonias en grupos, para mostrar algún orden en la exposición de costumbres y aspecto.

El *Dictionary of Gardening* de la Royal Horticultural Society las divide en cuatro grupos:

I. *Bulbosas*, que comprende sólo la única especie que florece en invierno, *B. socotrana*.
II. *Tuberosas*.
III. *Rizomatosas*, que incluye el tipo *B. rex*.
IV. *Fibroso-radiculares*.

Grupo I.—Debe considerarse realmente como planta de una temporada, a menos que se tenga un invernadero cálido.

Grupo II.—Comprende algunas especies destacadas que florecen en verano y en invierno. Cuando la floración está superada debe llevarse a un lugar en el exterior, seco, y tan pronto como han caído las hojas deben separarse los tallos de los tubérculos, por torsión, y se desechan. Los tubérculos después se guardan en un lugar fresco, pero sin heladas. Si hay problema de espacio pueden sacarse de sus macetas y almacenarlos en cajas con turba o fibra vegetal. No precisan luz.

En febrero o marzo —para la floración de verano— o en mayo o junio (o más tarde si se tienen lámparas de crecimiento), para la de invierno, las plantas comienzan otra vez su período activo a una temperatura de 15-20° C (59-68° F), bajo las condiciones generales antes citadas.

Grupo III.—Comprende en primer lugar *B. rex* y otras similares que son valoradas por su follaje. Estas, igualmente, tiene un período de inactividad invernal, y luego debe dejárselas casi secas en el exterior. Si se persiste en regarlas, las plantas renacerán.

Grupo IV.—Este es el más amplio y comprende numerosas y codiciadas especies, variedades e híbridos que florecen principalmente en verano, aunque también en invierno, entre ellas algunas especies espigadas, elegantes, leñosas, como, por ejemplo, *B. corallina.* Tienen su período activo después de la época de floración (que puede durar varios meses). Pueden mantenerse en sus macetas durante otro período. Sin embargo, no se comportan tan bien durante la segunda época, y, como nacen fácilmente de semilla y en seis meses se llenan de flores, éste es el mejor método de cultivo en interior; de lo contrario deben tirarse y comprar otras.

La tabla que sigue da una selección de especies para cada época, especialmente para invierno, cuando hay menos competencia con otras flores y las begonias son las más apreciadas (aunque hay una extensa selección de especies de verano). Cuando el período de floración de una especie se prolonga durante dos estaciones se indica en la columna respectiva (como siempre debe recordarse que tales «estaciones» dependen del tratamiento dado y de la reacción de la planta, así como del ambiente). Se da para cada especie el número del grupo de la R.H.S. antes indicado. Una quinta columna expone una selección del tipo *B. rex* (R.H.S.,

26. *Bauhinia variegata* var. *candida*

27. *Bauhinia tomentosa*

28. *Begonia boliviensis*

29. *Begonia tuberhybrida* «Buttermilk»

26

27

28

29

Grupo III), valoradas especialmente por la belleza de sus hojas, como antes dijimos.

Las begonias pueden ser afectadas por enfermedades fúngicas (micosis), o el mildiu, y si esto sucede deben tratarse con dinocap o thiram. Pueden ser atacadas también por el gorgojo de la vid y por anguílulas de las hojas: El gorgojo de la vid causará la marchitación y puede detenerse con Gamma-BHC. La anguílula de la hoja puede eliminarse con una solución de thionazin.

Primavera	Verano	Otoño	Invierno	Follaje
	+ *B. baumannii II*			
	* *B. boliviensis II*			
		B. cathayana IV	*B. × carrierei IV*	
* *B. convolvulacea III*		+ *B. conchifolia III*		
B. corallina IV ——	——			
+ *B. cyclophylla II*				
	B. davisii II			*B. daedalea III*
				B. decora III
	B. × erfordia IV			
	B. evansiana II			
		B. froebelii II ——	——	
B. fuchsioides IV			*B. fuchsioides IV*	
	+ *B. fulgens II*			
	B. glaucophylla III			
B. hemsleyana IV ——	——			*B. heracleifolia III*
			B. incarnata IV	*B. imperialis III*
B. × lucerna IV ——	——	——	——	
			B. lyncheana II	
			B. natalensis II	*B. masoniana III*
B. nitida IV ——	——	——	——	
+ *B. nitida IV var. odorata*				
B. polyantha IV			*B. polyantha IV*	
	B. semperflorens IV ——	——		*B. rex III*
		B. socotrana I ——	——	

* *Apropiada para cestillos colgantes*
\+ *Aromática*

Beloperone 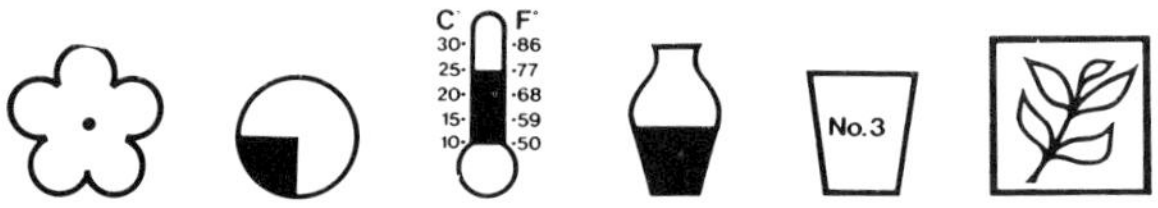

Beloperone guttata tiene la doble ventaja de su fácil desarrollo y de tener una larga época de floración. Es muy difícil que quede defraudado si le gusta la apariencia de las plantas, con brácteas coloreadas rosa pardo, de una forma parecida a los camarones, que protegen pequeñas flores blancas, rojas, púrpuras o azules.

Se puede podar en cualquier época, para evitar que se extienda demasiado.

Beloperone guttata es sinónimo de *Drejerella guttata*, pero el nombre aquí utilizado es tan apropiado que nos parece mejor conservarlo.

Billbergia 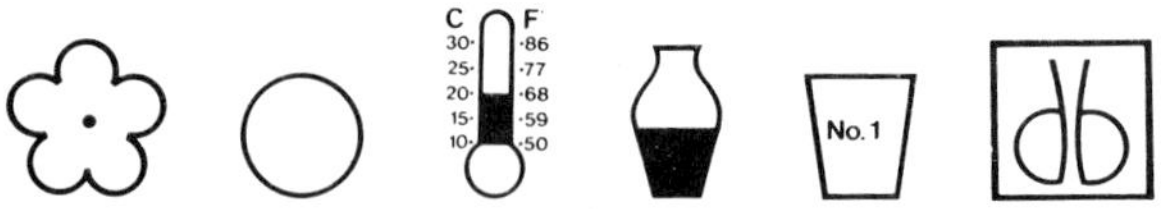

Un género de bromeliáceas terrestres bastante resistentes. *Billbergia nutans* es la especie más ofrecida y tiene curiosas flores de color verde, rosa y azul, acampanadas, colgadas de una espiga, con unas largas brácteas puntiagudas, de color de rosa. *B. × windii* es el resultado del cruce entre *B. decora* y *B. nutans* y es tal vez más llamativa. Es con mucho el género más facil de las bromeliáceas y no es difícil hacerlas florecer. Por otra parte ver *Aechmea*.

Blechnum — ver HELECHOS

30. *Begonia socotrana* «Mrs Leopold de Rothschild»

31. *Begonia rex* «Merry Christmas»

32. *Beloperone guttata*

33. *Billbergia nutans*

30

31

32

33

Boronia

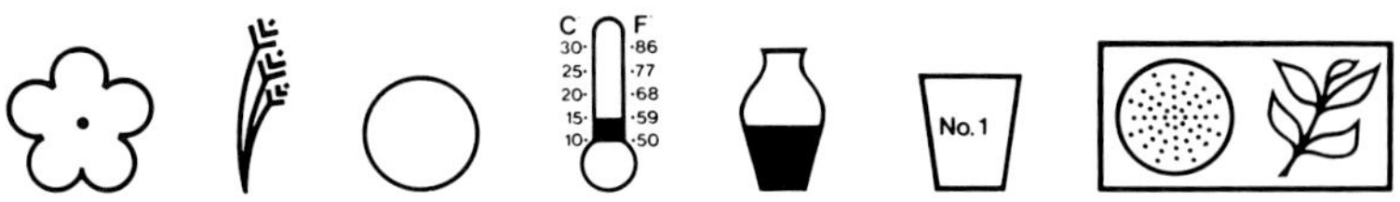

Las boronias pertenecen a la misma familia que los citrus (aunque para el aficionado tienen poca semejanza) y son muy apreciadas en Australia, su patria de origen.

Las flores de la mayoría de las especies varían desde el rosa intenso al rosa y al blanco, y frecuentemente tienen un agradable aroma. Además florecen en invierno. Desgraciadamente no son fáciles de conseguir, y la única especie fácil de encontrar es *Boronia megastigma*, una deliciosa planta con numerosas y muy pequeñas flores ciatiformes, de color pardo purpúreo por fuera (cosa rara en este género) y teñidas de amarillo en su interior; tienen un agradable aroma.

El inconveniente de las boronias es que necesitan mucha humedad y una atmósfera mucho más fresca que la mayoría de las plantas de interior. Viven mejor con una temperatura de 10-15° C (50-59° F), si bien toleran temperaturas más altas.

Aunque nosotros hemos propuesto la mezcla de suelo del número 1, las boronias se dan con un alto procentaje de arena en el suelo, y Rochford y Gorer recomiendan una mezcla simple de arena y turba (1). Son calcífugas.

Las plantas pueden podarse después de la floración.

Como los citrus, las boronias son propensas a los ataques de los pulgones.

Para los esquejes deben usarse vástagos laterales semimaduros. Deben tener una ligera cama caliente, pero por otra parte se mantendrán a unos 10° C (50° F) aproximadamente.

(1) *The Rochford Book of Flowering Pot Plants*, pág. 74.

Bougainvillea

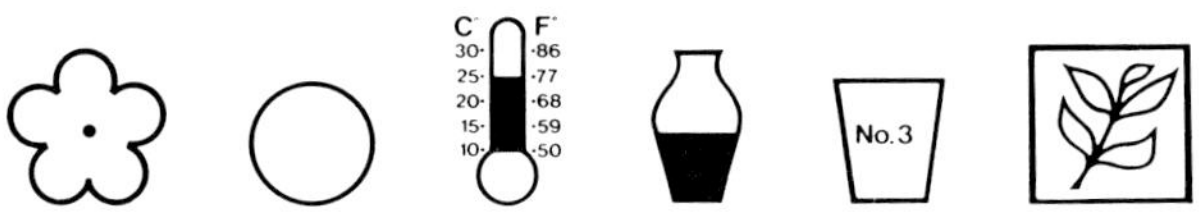

A los que son sensibles a un ambiente de bougainvilleas, éstas les recuerdan, junto con las «mimosas» *(Acacia)* y plumbago, el cielo azul y el sol del Sur de Europa, principalmente de la costa Mediterránea; o en los Estados Unidos, el Caribe, California o Florida. Sin embargo, no podemos esperar que se logre en interiores la exuberante abundancia de alguna de estas plantas que se ven en el Sur, y es difícil resistir la tentación de llevarse un trozo de la nostalgia del Sur a nuestra casa.

Las bougainvilleas son unas de las plantas más vistosas que existen. Son trepadoras vigorosas, y su abundante ramificación, normalmente de color púrpura brillante, se adhiere a las edificaciones o cuelga de las paredes en los países cálidos, y llaman poderosamente la atención. El color procede de las brácteas, que encierran las menudas flores en su interior.

Aparte de la común *Bougainvillea glabra* o *B. spectabilis* hay numerosas variadades o híbridos más delicados, o llamativamente coloreados; y la experimentación de nuevos híbridos continúa constantemente. Las variedades *cypheri* y *sanderiana* de *B. glabra* son de un color más suave y delicado; también existe el híbrido, sorprendentemente coloreado en rojo cinabrio *B. Lindleyana*, la atractiva *B.* × *millari*, amarillo intensa, la carmesí tirando a magenta *B.* × *butiana*, habiendo otros muchos híbridos.

Las bougainvilleas no son plantas muy fáciles de mantener en flor en el hogar (en el segundo y sucesivos años dan mejor rendimiento que recién compradas al florista). Cuando van a florecer necesitan la máxima luz posible, una temperatura de unos 20-25° C (68-77° F) y mucha humedad. Cuando las brácteas están en su máxima coloración, un ambiente más frío las hará durar más; pero la principal dificultad está en asegurarse que la temperatura no elimine la humedad, o las flores se secarán y los últimos nudos del tallo y las brácteas caerán.

Es mejor comprar las plantas cuando las brácteas están formadas, pero antes de que las flores se abran. Deben examinarse cuidadosamente los botones de las menudas flores para observar que estén completas y de ningún modo arrugadas. Así se asegura una estación florida de un mes por lo menos, y con suerte todo el verano. Durante el invierno, la temperatura y la humedad deben reducirse, y en la primavera, cuando despiertan las plantas, pueden podarse para mantener un tamaño conveniente. Tienen tendencia a perder sus hojas en invierno.

Deben vigilarse los síntomas del ácaro rojo, aphis, pulgones y cocos de la harina.

34

35

36

34. *Boronia alata*

35. *Boronia heterophylla*

36. Varias *Bongainvillea* :
B. glabra (1)
B. «Alexandra Purple» (2)
B. «Killie Campbell» (3)
B. millari (4)

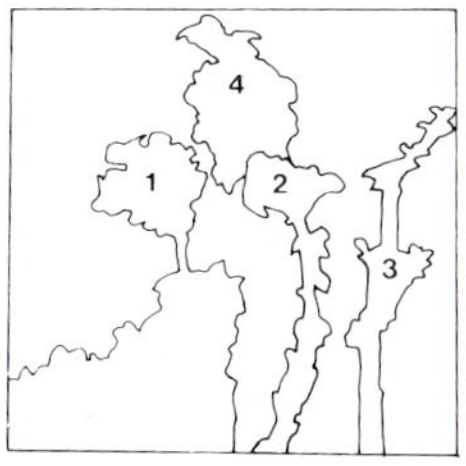

Bouvardia

Constituyen las más atractivas plantas de hoja perenne, con la ventaja de que pueden producir un ramo de flores parecidas a jazmines durante el otoño o el invierno. *Bouvardia humboldtii, B. jasminiflora* y *B. longiflora* son particularmente recomendables porque son aromáticas. Las flores de cada una de estas especies son blancas. *B. triphylla* tiene llamativas flores anaranjado-escarlata, pero no son aromáticas.

Si se necesitan esquejes, las plantas deben cortarse en espaldera, después de la floración, y los nuevos vástagos deben ser despuntados cuando alcancen unos 5 centímetros de largo y debe disponérselos en cama caliente bajo cristal a una temperatura de 20-25° C (68-77° F) o un poco más.

Breynia

El encanto de *Breynia nivosa*, un arbusto delicadamente atractivo, conocido como «Arbusto de la nieve», estriba en las bonitas marcas de sus pequeñísimas hojas ovales, de color verde y blanco, más que en sus flores que son insignificantes. Sus variedades también tienen hojas atractivas: como las de *atropurpurea*, que varían desde verde oscuro a púrpura intenso, y la de *roseopicta*, quizá la más bonita de todas, son verdes y blancas, con matices rosa que se oscurecen hasta el rojo vinoso.

B. nivosa es sinónimo de *Phyllanthus nivosus*.

Browallia

Aunque algunas especies son perennes, las browallias se consideran normalmente como anuales, pero tienen una larga estación florida y sus numerosas flores violeta azulado (o blancas) tienen una agradable presencia. *Browallia speciosa* o *B. viscosa* son las especies más bellas.

Si se proyecta cultivarlas de semilla (mejor que comprarlas) éstas deben sembrarse en un compuesto «standard» para semillas, bajo cristal, con una temperatura de unos 15° C (59° F). Si se quiere tener flores durante el verano, las semillas deben sembrarse en marzo, pero si se desean en invierno o primavera deben sembrarse en el período de julio a septiembre. Entresacar las plántulas del semillero en el momento conveniente, lo más pronto posible, y después trasplantarlas a macetas individuales; se suele recomendar tres en cada tiesto, en macetas de 7,5 centímetros, aproximadamente; después en macetas de 12,5 centímetros. *B. speciosa* dará flores más abundantes si los renuevos son obtenidos por presión.

Brunfelsia

Atractivos arbustos perennes, exóticos, con abundantes flores sencillas que aparecen en varias épocas del año.

Brunfelsia americana, en junio da flores blancas al principio y después amarillas, fuertemente aromáticas, en especial por la noche. *B. latifolia*, cuyas flores son del color de las del espliego, que gradualmente cambian a blancas, es también muy fragante y florece al final del invierno. *B. calycina* es como *B. latifolia*, salvo que las flores se inician más oscuras y no son aromáticas. *B. bonodora* tiene flores menores y en gran profusión, deliciosamente aromáticas.

Es esencial un alto grado de humedad o las puntas de las hojas se marchitarán y los brotes (y hojas) caerán.

Brunfelsia puede necesitar ser trasplantada cada dos años y puede podarse inmediatamente después de la floración para mantener una atractiva forma. *B. bonodora* tiene un crecimiento vigoroso y necesitará podarse y trasplantarse con frecuencia. Precisa más humedad que *B. calycina*.

La multiplicación es por esquejes de leño semimaduro, en tierra arenosa a unos 20° C (68° F). De nuevo es esencial un alto grado de humedad y se requiere una bandeja de multiplicación. La adaptación de las plantas enraizadas a las condiciones del exterior debe ser realizada muy gradualmente.

37. *Bouvardia humboldtii*

38. *Breynia nivosa*

39. *Browallia speciosa* «Major»

40. *Brunfelsia calycina* «Macrantha»

37

38

39

40

Bryophyllum — ver KALANCHOE

Bulbosas

Hay un grupo de bulbos que crecerán bien a la intemperie, como bulbos de primavera, pero que pueden cultivarse en interiores y dan una gran satisfacción por su forma, color y, a menudo, por su aroma; también son unos excelentes indicadores de la llegada de la primavera.

Los bulbos, las cebollas o los tubérculos, incluidos de forma general aquí, son los azafranes, jacintos y narcisos; pero algunos lirios y tulipanes, así como *Chionodoxa*, *Fritillaria meleagris*, *Galanthus* (Campanillas de las nieves), *Muscari* y escilas, merecen también incluirse aquí.

Tales bulbosas dan los mejores resultados si se tratan como plantas de interior de la Zona templada y se cultivan en macetas con buen drenaje, en un compuesto del núm. 3. Sin embargo, pueden ser cultivadas en recipientes sin drenaje, en cuyo caso deben plantarse en fibra vegetal o colocadas en una base de guijarros y carbón vegetal, añadiendo agua. El carbón vegetal no debe desecharse porque tiene la importante misión de mantener el medio apto. Cuando se usa cualquiera de los métodos, los bulbos deben cubrirse en sus dos tercera partes con tierra, que debe haber sido completamente empapada en agua. En el último caso, la base de los bulbos debe estar en parte sobre la superficie del agua para que las raíces puedan desarrollarse sin que el cuerpo de los bulbos esté sumergido, para evitar dañar a la raíz.

Cualquiera que sea el método adoptado, los bulbos pueden plantarse indistintamente desde agosto hasta final de octubre para que florezcan desde noviembre al fin de febrero. Cuando se plantan los bulbos deben sembrarse separados a una profundidad de 2,5 centímetros con algo de fibra seca o turba y colocarse en un lugar fresco, bien ventilado, *no* en una alacena oscura, falta de aire. Deben inspeccionarse una vez por semana durante el primer mes para comprobar que las condiciones son correctas, y después una vez al mes para observar que el medio esté húmedo y que el nivel del agua es el correcto, hasta que las yemas foliares han empezado a formarse. Después deben trasladarse a un lugar igualmente fresco con iluminación moderada; si este lugar está demasiado caliente, las hojas se desarrollarán a expensas de las raíces y, por consecuencia, también a expensas de las flores.

Deben mantenerse en su nuevo emplazamiento hasta que los botones florales sean visibles claramente; entonces deben trasladarse a un lugar muy iluminado, a una temperatura de 15-20° C (59-68° F). Cuando las flores están próximas a aparecer, los bulbos se pueden trasladar a una situación menos iluminada, pero ajustada a 15° C, porque así durarán más tiempo. Mientras tanto, el medio debe mantenerse húmedo y el ambiente también. Si se ha utilizado el método de «gravilla y agua» los bulbos resultarán beneficiados, teniendo en este período el nivel de agua al máximo con los nutrientes correctamente diluidos; pero cuando se utilizan los otros métodos es mejor suspender los nutrientes, porque los bulbos tomarán lo que necesiten de sus propias reservas y del medio; si resultan sobrealimentados pueden desarrollarse desordenadamente y echar hojas en vez de flores.

Cuando las flores se abren los bulbos pueden llevarse a una posición atenuada, pero debe mantenerse el crecimiento hasta que las hojas empiecen a amarillear y mueran. Entonces se pueden secar en el exterior y almacenarse para plantarlos en otoño a la intemperie. Es aconsejable para el cultivo en interior comprar siempre nuevos bulbos (y es lo mejor, siempre que uno se lo pueda permitir). Los bulbos guardados en interiores durantes dos años raramente son tan buenos como los del primer año; los que han sido especialmente preparados para ser forzados habrán perdido esta propiedad.

La elección de los bulbos para cultivo en interior debe ser obviamente un asunto de gusto personal. Todos los jacintos se adaptan a este tratamiento y el «Jacinto romano» es particularmente fácil de producir precozmente, pues crece con mucha rapidez.

Todos los azafranes son muy idóneos y fáciles. Hay algunos «híbridos miniatura» de *Crocus chrysanthus*, como «Warley White», «Zwanenburg Bronze» y «Gipsy Girl», que son deliciosos y delicadamente coloreados; *Crocus fleischeri* y «cultivars» de *Crocus vernus* son también bellos (la última especie no se obtiene con facilidad). En el caso de los narcisos y tulipanes hay híbridos que responden particularmente bien el tratamiento en interiores y otros que es mejor evitarlos. Es esencial por esto seguir el consejo de un reputado proveedor de bulbos.

Butia — ver PALMERAS

41 *Chionodoxa sardensis*

42. *Hyacinthus Cynthella* «The Bride»

43. *Iris reticulata* «Cantab»

44. *Narcissus juncifolius*

41

42

43

44

Cactus

Quizá más que ninguna otra clase de plantas, los cactus (y algunas crasas) son aptos para provocar emociones extremas; por un lado, deleite y fascinación, y por otro, hastío y repugnancia. Por ésta y otras razones, los cactus sólo son tema de especialistas y cultivadores y excepto el ocasional epiphyllum o «Pluma de Santa Teresa», son ignorados por la mayoría de los aficionados a las plantas de interior, lo que es una pena porque se puede obtener mucho placer de un pequeño grupo de cactus como parte de una colección heterogénea de plantas.

Se aconseja a los posibles cultivadores que comiencen leyendo alguna de las excelentes introducciones al cultivo de cactus y otras crasas (1). Además de ser unas introducciones al tema lúcidas y autorizadas contienen una información muy útil y detallada, con excelentes fotografías de gran número de cactus.

Lo que exponemos a continuación, dado el propósito de este libro, debe ser conciso y elemental. Si el lector se atreve a ensayar personalmente y no comete errores logrará su propósito.

La primera cuestión es: ¿Qué es un cactus? La familia de los cactus comprende unos 200 géneros y miles de especies. En Botánica, las Cactáceas se distinguen de otras familias por tener unos órganos exclusivos de ellas, llamados «aréolas», que tienen almohadillas en las axilas de las hojas o en su punto de inserción y que en su lugar llevan espinas, y frecuentemente, donde debían estar las hojas, «lanosidad, cerdas o pelos». Esta es la única cualidad que las distingue de las demás crasas (2).

Dada la amplitud de la familia ha sido dividida en tres «tribus» o grupos y en cierto número de «subtribus» (3). Las tribus son:

1. *Pereskieae*. Formada por altos arbustos espinosos con hojas. No nos interesan aquí.

2. *Opuntieae*. Todas las especies de esta tribu tienen espinas y «gloquidios», que son unos finos mechones de cerdas, dispuestos en las aréolas, que cuando se tocan se adhieren a la piel y se separan de la planta.

3. *Cereeae*. Esta tribu comprende el resto de los cactus, distinguiéndose de la otras dos por no tener ni hojas ni gloquidios.

Debe aclararse inmediatamente una posible falsa interpretación. Se piensa que los cactus viven exclusivamente en áreas desiertas, áridas y ardientes. La mayoría de ellos así lo hacen, pero hay varios géneros importantes de la tribu cereeae, como *Epiphyllum*, *Nopalxochia* y *Schlumbergera*, que viven en las selvas tropicales de lluvia y son epifíticos; hay otros parcialmente epifíticos, cactus trepadores, enraizados en el suelo de regiones similares, pero no son prácticos en las condiciones de interior.

Entre los cactus epifíticos de interior, los híbridos de epiphyllum ocupan una posición destacada. En su mayor parte son híbridos de *Epiphyllum ackermannii*, con algunos de los grandes cactus erectos, floridos. Las hojas verdes, planas, alargadas, de formas curiosas la mayoría de ellas (parecidas a un amasijo), puede ser un capricho adquirirlas; pero es una adquisición que vale la pena, porque las hermosas y grandes flores de estas plantas son de muy delicadas tonalidades de color y a veces deliciosamente fragantes. Algunas de ellas florecen poco o lentamente, pero otras lo hacen con abundancia. De los epiphyllum más fáciles de cultivar, que además son aromáticos, pueden recomendarse: *E. cooperii* (con pétalos blancos en el interior y amarillos en el exterior), *E. oxypetalum* (de flores blancas) y *E. wrayii* (de pétalos revueltos, blancos o amarillos). Otras epifitas que merecen ser anotadas son *Rhipsalidopsis gaertneri* (sinónimo: *Schlumbergera gaertneri*), *Rhipsalidopsis rosea* y *Schlumbergera truncata* (sinónimo: *Zygocactus truncatus*), «Plumas de Santa Teresa» o «Cactus de Navidad»; su último nombre vulgar indica la época de floración.

Estos cactus son bastante fáciles de cultivar. Deben plantarse en un suelo-mezcla del núm. 3 y debe prestarse una atención particular al drenaje. Se deben tratar del mismo modo que las plantas de interior de los trópicos lluviosos y se les debe proporcionar mucha luz y humedad durante su período activo. Después deben mantenerse en un lugar seco y fresco, pero en situación iluminada y aireada. El tratamiento «activo» debe empezar al primer síntoma de nuevo crecimiento. Algunos de estos cactus producen yemas florales en gran abundancia, algunas de las cuales caerán naturalmente; pero como las yemas girarán hacia la fuente de luz no debe moverse la maceta o el proceso de caída se agravará.

El resto de los cactus, que pertenecen a las tribus opuntieae y cereeae, coinciden más estrechamente con el concepto convencional de lo que es un «cactus».

Sería demasiado detallar el anotar las subtribus y los géneros que comprenden. En el supuesto de que el que se inicia quisiera tener una mayoría de cactus floridos, combinados con uno o dos que sean interesantes por su forma, se sugiere que al principio se haga con alguno de los más pequeños (en general cuanto más pequeño es el tamaño de un cactus adulto florecerá más pronto: muchos de los cactus enanos florecen al año de sembrados). Ginns sugiere en primer lugar *Mammillaria*, que es un gran género de plantas pequeñas con muchas especies e híbridos para elegir. *Mammillaria gracilis* y *M. cowperae* tienen flores amarillas, *M. mendelliana* tiene flores rosas con un fondo de tomento blanco, *M. karwinskiana* tiene flores de color crema y *M. wildii* las tiene blancas. *M. bocasana* tiene flores amarillentas y produce curiosos frutos alargados, tubulosos, de color rosa y comestibles. Las *Rebutias*, que también recomienda Ginns, tienen quizá las flores más llamativas, particularmente *Rebutia aureiflora*, con flores amarillo-anaranjadas, *R. marsoneri* (amarillas), *R. pigmaea* (rosa purpúreo), etc. También, son recomendadas *Astrophytum*

(1) *Cacti and other Succulents*, por Ginn's, Londres, 1963. *Pocket Encyclopaedia of Cacti in Colour, including other Succulents*, Londres, 1969, y Nueva York, 1970, por E. & B. Lamb. *Cacti and Succulents for Home and Garden*, por Van Ness, Nueva York, 1971, y *Succulents and Cactus*, de Sunset Editores, California, 1970.

(2) Para otras crasas citadas en este libro ver: *Aeonium*, *Aloe*, *Ceropegia*, *Cotyledon*, *Crassula*, *Echeveria*, *Euphorbia tirucalii*, *Gasteria*, *Haworthia*, *Kalanchoe*, *Mesembryanthemum*, *Rochea*, *Sedum*, *Sempervivum* y *Stapelia*.

(3) Britton y Rose, *The Cactaceae*, 1923. Seguido por Ginns, op. cit. E. & B. Lamb han desarrollado un sistema de clasificación ligeramente distinto, op. cit., pág. 45-7.

45

45. *Chamaecereus silvestrii*

46. Varias especies de cactus: *Mammillaria* (en primer plano) *Rebutia* (en el centro) *Opuntia* (al fondo)

46

(grandes flores amarillas), *Chamaecereus* (anaranjadas y escarlata), *Coryphantha*, *Lobivia*, *Notocactus* y una mención especial para *Echinopsis*, que tiene grandes flores tubulares, largas, normalmente blancas y a veces fragantes: *Echinopsis turbinata*, fuertemente aromática (blanca), y *E. multiplex*, también aromática (rosa pálido). Por la forma, son interesantes *Cereus chalybaeus*, *Espostoa lanata* y algunas especies de *Trichocereus*.

Las normas generales para el cultivo de estos cactus son:

1. **Suelo:** La mezcla recomendada es:

   1/3 de marga
   1/3 de arena fina
   1/3 de mantillo de hoja o de turba

La obra de Lamb, recomienda que a cada 4,5 litros de tierra, debe añadírsele:

   4 cucharillas colmadas de harina de hueso
   3 cucharillas colmadas de yeso
   1 cucharilla colmada de superfosfato

Las macetas deben disponer de buen drenaje y deben ser de barro cocido. Ginns recomienda añadir Paradiclorobenceno como preventivo del coco de la harina en las raíces. También recomienda el trasplante a otros tiestos anualmente.

2. **Riego:** Con las opuntieae y las cereeae no epifíticas es mejor pecar de escaso riego que pasarse en él; obviamente, bastantes cactus pueden sobrevivir así durante grandes períodos de sequía sin daño irreparable. Por otra parte, demasiada agua dará lugar a un aspecto enfermizo de la planta y particularmente cuando está inactiva, la posibilidad de pudrición de la raíz. En general, durante el período activo, el mejor método es darles a las plantas una gran mojadura, esperar a que se sequen (pero sólo hasta este momento) y después repetir el proceso; en lo sucesivo, el tiempo entre cada riego puede oscilar entre un día y una semana o más, dependiendo del tamaño de los tiestos, de la temperatura y el ambiente. Durante los períodos de dormición, las plantas deben estar casi secas.

3. **Luz y aire:** La mayoría de los cactus (y todos los mencionados aquí) medrarán mejor con la mayor iluminación posible durante el día. Sin embargo, deben tener un período de oscuridad, y, como otras plantas, deberá ser prolongada artificialmente la iluminación diurna, pero lo menos posible. Las opuntieae y las no epifíticas *cereeae* florecen en una atmósfera clara y seca y detestan la humedad y las corrientes de aire. Si bien odian la humedad se benefician de un ligero riego durante la noche, en el período activo, que corresponde al rocío que han utilizado y que ayuda a la formación del vástago.

4. **Temperatura:** La mayoría de los cactus medran mejor con una temperatura máxima de 25° C (77° F) durante el período activo y una mínima de 10° C (50° F) durante el período inactivo. Es mejor evitar en la época inactiva una temperatura más alta que ésta, pues de lo contrario las plantas, de hecho, no estarán inactivas y gastarán su energía inútilmente. Lo mismo para las condiciones de su cultivo con éxito.

También hay los riesgos inevitables, que acontecen incluso a las plantas mejor cuidadas. Los cocos de la harina pueden atacarlas y están ocultos en las hendiduras y hay también una chinche harinosa de la raíz que es más fácil de atajar que de descubrir (sugerimos mezclar Paradiclorobenceno en la tierra de la maceta). Pueden aparecer pulgones, y en atmósfera muy seca, el ácaro rojo puede mostrarse muy activo. Estas plagas pueden detenerse con los remedios normales; pero si los cactus en el cultivo están mezclados con otras crasas, como las crasuláceas, debe tenerse cuidado de no utilizar un insecticida que dañe a éstas.

Con respecto a las enfermedades sólo una es común a todos, y es la pudrición de la raíz y el tallo. Esta puede ser apreciada a simple vista y la de la raíz puede sospecharse por una apariencia en general enfermiza de toda la planta. El tratamiento adecuado es cercenar las partes afectadas, limpiar y espolvorear con azufre en polvo y dejar secar la planta antes de regar de nuevo.

La multiplicación de los cactus es bastante fácil, ya sea por semilla, por división o por esquejes, que deben secarse a la intemperie, hasta que hayan formado callo antes de plantarlos, y después deben regarse escasamente, hasta que hayan enraizado. Es también relativamente fácil obtener buenos resultados con injertos, pero quedan fuera del alcance de este libro.

Caesalpinia

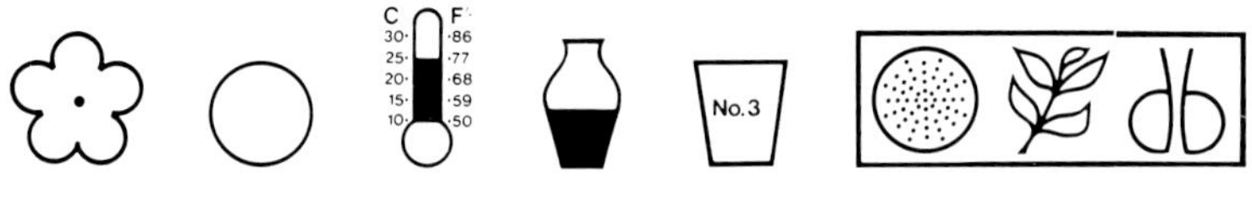

Un género de árboles de los que algunas especies son llamativas plantas de interior cuando jóvenes. El follaje y las las flores se parecen algo a las de *Cassia auricularis*.

Caesalpinia pulcherrima tiene racimos de pequeñas flores rojo-anaranjadas, con largos estambres como penachos; en *C. vernalis*, las flores son amarillas con una mancha escarlata.

Los esquejes son difíciles de enraizar. Deben estar en un lugar abrigado y en cama caliente. Las semillas o el acodo son los métodos más seguros de multiplicación.

47

49

48

47. *Epiphyllum ackermannii*

48. Cactus
y otras crasas:

Ariocarpus fissuratus (1)
A. kotschubeyanus (2)
Cephalocereus senilis (3)
Conophytum species (4)
Crassula arborescens (5)
Echeveria *species* (6)
E. gibbiflora (7)
Echinocereus species (8)
Hamatocactus setispinus (9)
Kalanchoe beharensis (10)
Lithops species (11)
Oreocereus celsianus (12)
Pleiospilos species (13)
Schlumbergera truncata (14)

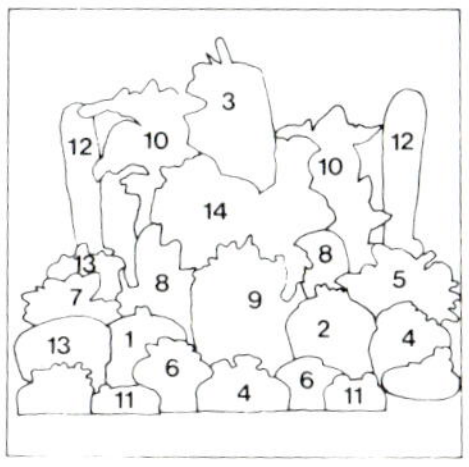

49 *Caesalpinia japonica*

Caladium

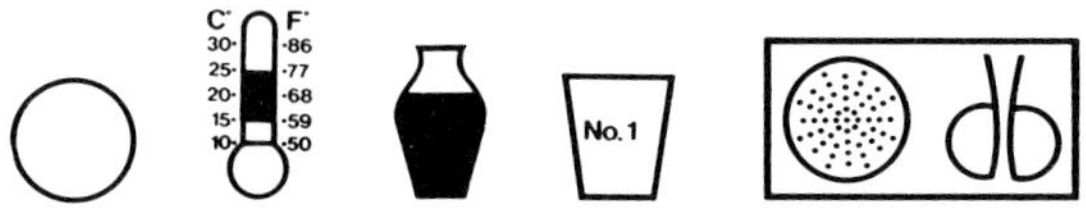

Plantas valoradas por la llamativa apariencia de sus hojas, parecidas a las de las begonias. Son especies muy variables y la mayoría de las plantas que se ofrecen a la venta son híbridos, principalmente de *Caladium bicolor*, aunque también los forman *C. picturatum* y *C. schomburgkii*. Las hojas acorazonadas pueden ser rojo-anaranjadas, rojas, o en *C. candidum*, blancas, con nerviaciones prominentes de color verde. Esta última especialmente tiene un hermoso follaje.

Los caladium necesitan mucha luz para resaltar sus caracteres, aunque deben estar protegidos del sol directo y necesitan mucha agua durante el crecimiento, pero deben estar bien drenadas.

Desgraciadamente para el cultivador de plantas de interior, los caladium tienen un período de inactividad durante el invierno, cuando mudan sus hojas. Los tubérculos deben guardarse posteriormente en un lugar medianamente húmedo.

Calathea

Las calatheas pertenecen a la familia de las marantáceas y se confunden frecuentemente con las marantas, a las que se parecen mucho. Hay unas cien especies, entre las que se encuentran algunas de las de más llamativo follaje. Las hojas oblongas, normalmente planas, presentan generalmente varios tonos de verde y blanco sobre un fondo de color verde plateado; el envés es con frecuencia rojizo o purpúreo. Presentan flores insignificantes en espigas.

Cierto número de especies están a la venta. Entre ellas *Calathea ornata*, *C. picturata* y *C. zebrina*, admiradas por su follaje exquisitamente coloreado. Pero quizá las más notables son *C. backemiana* y *C. mackoyana*, que dan la impresión de tener la coloración primitiva estampada sobre el fondo verde plata de sus hojas.

En general, las calatheas precisan condiciones tropicales para florecer. La temperatura no debe descender mucho de 15° C (59° F), y en el período de crecimiento debe subir por encima de 25° C (77° F). Es esencial un alto grado de humedad, pero con buen drenaje.

Las plantas deben trasplantarse cada año, en cualquier época desde julio a la primavera, o el follaje llegará a ser muy apretado y no será atractivo. En el mismo período pueden multiplicarse por cuidadosa división de las raíces.

Calathea zebrina se expone con *Asparagus*, en la lámina 22.

Calceolaria

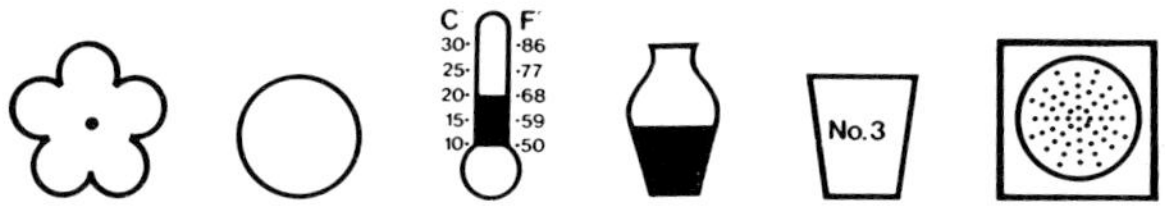

Las calceolarias despiertan sentimientos opuestos. Sus extrañas flores abigarradas, parecidas a bolsas o babuchas, a unos les gustan y a otros les repelen.

Aunque en las especies predomina el amarillo, las flores pueden tener diversos colores; además presentan, por lo general, un moteado de un segundo color castaño, púrpura o negro sobre el color base. Unas especies tienen flores pequeñas y otras las tienen grandes. La *Calceolaria integrifolia*, con una agrupación de florecitas amarillas, es una especie recomendable. Hay también numerosos híbridos de *C. cultiflora* con grandes flores.

Las calceolarias se cultivan mejor de semilla, pero tienen que ser sembradas a primeros de junio para que florezcan al año siguiente; esto sólo puede realizarse si se tiene un invernadero. Por otra parte, pueden comprarse crecidas para tenerlas en el verano que se desee y tratarlas como plantas anuales, aunque algunas que son arbustivas pueden guardarse para otro año.

Deberán preservarse de la mosca verde, a la que son propensas, y de las anguílulas de la hoja, que se manifestará en ellas en forma de parches de color castaño o amarillo; el Thionazin es el mejor remedio. Pueden infectarse también por virosis, en forma de salpicaduras que las marchitan, en cuyo caso debe destruirse la planta.

50

50. Híbridos de *Caladium*

51. *Calceolaria* × *multiflora* «Nama»

51

Callistemon

Los callistemon, originarios de Australia, no tienen flores normales (los numerosos estambres delgados, reunidos en forma de «limpiatubos», constituyen la «flor»); atraen a muchos de los que tienen espacio suficiente para ellos en su casa. *Callistemon citrinus*, con brillantes estambres de color carmesí, se considera como una de las especies más admirables del género. Un árbol adulto alcanzará unos 4,50 metros de alto e incluso más. *C. salignus* es más alto aún y tiene los estambres amarillos, mientras que *C. rigidus* «Violaceus», que alcanza unos 2,40 metros, los tiene púrpura.

Los callistemon son de crecimiento lento y pueden podarse para conservarlos mucho tiempo. Pueden permanecer a la intemperie durante el verano.

Camellia

Una de las plantas más bellas y aptas para interiores, que combinan perfectamente el gusto por lo exótico con la pureza clásica de sus flores, cuyo tamaño varía, desde muy pequeñas hasta alcanzar los 5 centímetros de diámetro o más. Pueden ser sencillas o dobles, y los colores son: blanco, rosa o rosáceo, rojo intenso o carmín. Las camelias florecen en otoño, invierno o primavera, y sus oscuras hojas lustrosas, perennes, son también atractivas. Además, tiene la ventaja —para los que disponen de más espacio fuera que en el interior— de que están mejor a la intemperie durante el verano cuando no florecen.

Hay numerosas especies, entre las más encontradas están: *Camellia japonica* (la Camelia común), *C. reticulata* y *C. sasanqua*. El número de formas en el género ha sido muy ampliado por el desarrollo de una admirable relación de «cultivars» de estas especies, extendiéndose desde las de más hermosas floraciones (algunas con combinaciones de colores) a las exquisitas flores sencillas como la blanca, pura, sencilla, «Charlotte Rothschild»; o la sencilla, color rosa tenue «Elizabeth Rothschild». La *C. japonica* «Adolphe Audusson», con profusión de grandes flores semidobles, color rojo sanguíneo, es una de las de más confianza. *C. × williamsii* «Donation», con flores semidobles rosa tenue, ha sido denominada «quizá, la camelia más bonita de las cultivadas en este siglo» (1). *C. sinensis*, la (Planta del té), que tiene hojas coriáceas y flores blancas, se caracteriza por ser la única especie aromática (2).

Las camelias no son difíciles de conservar de año en año y florecerán con tal de que se observen algunas normas elementales. Las plantas no deben regarse poco ni demasiado y debe tenerse particular cuidado en proporcionárseles una tierra que sea bastante porosa. Prefieren suelos ácidos, y deben ser abonadas periódicamente con Secuestreno (Quelato de hierro) o alguna otra fórmula especial para camelias. Elbert y Hyams aconsejan abonarlas inmediatamente después de la floración con una cucharadita de sulfato amónico, diluido en 4,5 litros de agua.

Algunos han observado que los brotes de camelias pueden marchitarse a última hora, y Elbert y Hyams recomiendan desgarrar el brote de floración por la base y tratar el desgarro con unas gotas de ácido giberélico. Mientras no se dejen secar demasiado, las plantas florecerán con bastante facilidad.

Las camelias son, generalmente, resistentes a las plagas y enfermedades, pero pueden ser atacadas por pulgones.

Los esquejes, que enraizarán más fácilmente en cama caliente, pueden consolidarse en tres meses. Deben sacarse, hacia el final de la época de crecimiento, de un lugar próximo al leño maduro.

(1) *Manual of Trees and Shrubs*, de Hillier, 1972, pág. 62.

(2) Haskins Nurseries of Ferndown, Dorset, Inglaterra, son especialistas en algunos atractivos «cultivars» de esta especie.

Campanula

Campánula es una gran género, que tiene muchas especies resistentes y pueden cultivarse sin dificultad a la intemperie; éstas no nos interesan. Hay, sin embargo, algunas especies que precisan protección del frío y que merecen cultivarse como plantas de hogar o invernadero porque son atractivas y de fácil desarrollo. De éstas, *Campanula isophylla* es quizá la más útil, porque tiene hábito rastrero y puede ponerse en un cestillo y dejarse péndula cerca de una mesa o desde un pedestal. Las flores son lila-azul claro, pero también hay una variedad blanca. *C. isophylla alba* es mucho menos atractiva, en nuestra opinión. La única desventaja de *C. isophylla* es que se marchita en invierno; entonces debe guardarse casi totalmente seca. Tan pronto como se inicie el nuevo brote debe ayudársele con riego y algún abono.

C. pyramidalis es muy diferente, extendiéndose durante el verano en altas espiras alargadas de flores azules acampanadas. Es bienal y bastante resistente.

52. *Callistemon citrinus splendens*

53. *Camellia japonica* «Alba Simplex»

54. *Camellia* × *williamsii* «St Ewe»

55. *Campanula isophylla*

52

53

54

55

Capsicum

A algunas gentes pueden gustarles la exhibición de flores y follaje de plantas como *Capsicum* y *Solanum*, cuyo mérito principal es su fruto, bayas brillantes, coloreadas, que maduran desde el verde al negro purpúreo intenso, pasando por el amarillo, naranja y rojo. Las pequeñas flores, blancas o violetas, son poco atractivas. Los capsicum tienen un interés adicional en que sus frutos son el pimiento encarnado y el «chile», que se usan mucho en la cocina, en el caso de los chiles como condimento, o desecado, como base en el pimentón.

Capsicum annuum, que produce pequeños pimientos rojos (en América, chiles, N. del T.) es la especie más corriente, es anual.

Los capsicum, generalmente, aparecen en las tiendas en avanzado estado de desarrollo con algunos frutos ya maduros, pero pueden cultivarse de semilla si se tienen facilidades. La semilla debe sembrarse en cama caliente, en febrero o marzo, en cajas; se deben entresacar lo más pronto posible. Después, en cuanto puedan manejarse fácilmente, las plantitas se trasplantan a tiestos de unos 8 centímetros y después a otros de 15 ó 18 centímetros. Las plantas deben recibir mucho sol para asegurar la maduración de los frutos.

Son propensas a los ataques de la mosca blanca, el ácaro rojo y el ácaro de las begonias.

Caraguata — ver GUZMANIA

Carex

Los juncos constituyen un género muy extenso de hierbas, parecidas a las gramíneas, pero en general sin el atractivo suficiente para que nos interesen aquí. *Carex morrowii variegata*, como su nombre indica, es variegado, con una línea blanca cerca de cada margen de sus tiesas y puntiagudas hojas. Es perenne. Quita monotonía a un grupo de plantas de follaje. En muchos catálogos se cita esta planta con el antiguo nombre de *C. japonica*.

Carissa

Arbustos perennes, resistentes, espinosos, con hojas brillantes, que se valoran incluso si no producen sus fragantes flores blancas y sus bayas rojas o negras; pero si se consiguen, proporcionan mucha satisfacción. Deben disfrutar de buena luz solar en verano.

Carissa grandiflora es la especie más conocida. *C. bispinosa*, a diferencia de las otras, no necesita condiciones tropicales o subtropicales.

Cassia

Algunos de los arbustos o arbolillos de este género constituyen, cuando son jóvenes, atractivas plantas de interior, pero pronto tienden a ocupar mucho espacio.

Las flores de la mayoría de las especies son amarillas. El follaje es atractivo. Puede recomendarse *Cassia auricularis*, y aún mejor, *C. corymbosa*, ambas con flores amarillas. *C. fistula*, «Caña fístula», es un delicioso árbol con largos racimos colgantes de flores amarillas aromáticas, pero normalmente crece demasiado para resultar práctico. Otro miembro de la familia, *C. senna*, proporciona el laxante Sen.

Cattleya — ver ORQUIDEAS

56. *Capsicum annuum*

57. *Carex morrowii variegata*

58. *Carissa grandiflora nana*

59. *Cassia corymbosa*

56

57

58

59

Centradenia

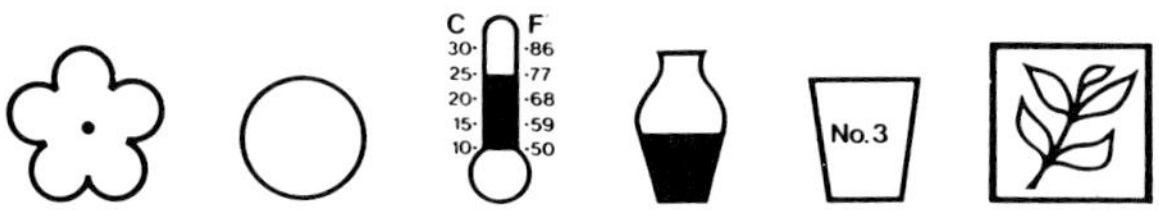

Utiles arbustos, resistentes, perennes, con racimos de florecitas de color rosa clavel. La época de floración, que es tardía, puede durar varios meses. *Centradenia floribunda* y *C. grandifolia* son las mejores especies.

Podar después de la floración para conservar una buena forma.

Cereus — ver CACTUS

Ceropegia

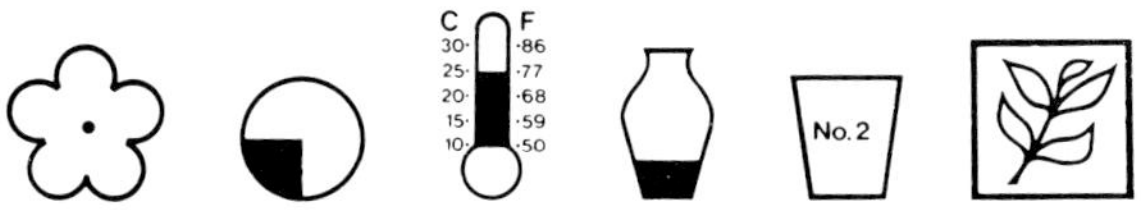

Curiosas plantas semicrasas, con racimos de flores de forma extraña, tubulosas y generalmente pequeñas, blancas, teñidas de púrpura. Crecen mejor en un cestillo colgante. *Ceropegia woodii*, *C. elegans* o *C. rendallii* son quizá las más atractivas.

C. woodii tiene filas de hojas acorazonadas, de color marmoleado en verde y planta en el haz y púrpura en el envés; forma bulbos en esas filas de hojas y debe mantenerse en un lugar seco.

Cestrum

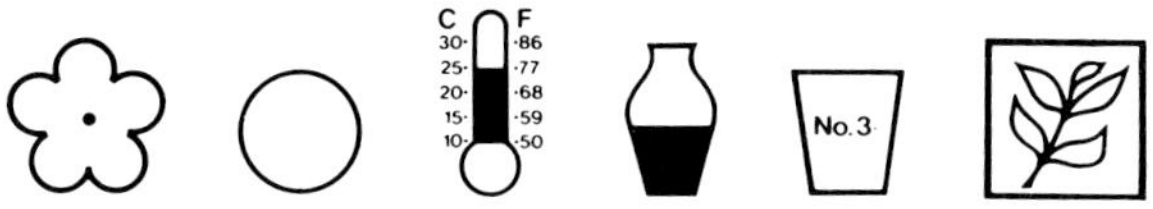

Arbustos bastante vistosos, serpenteantes, con inflorescencias extendidas de numerosas florecitas tubulosas. Las de *Cestrum aurantiacum* son anaranjadas y las de *C. purpureum* púrpura rojizo; *C.* × *nevellii*, cuyo parentesco no está confirmado, tiene flores carmesí brillantes. Aunque las flores amarillo verdosas de *C. nocturnum*, «Galán de noche», no son vistosas tienen un aroma delicioso.

Puesto que estos arbustos florecen en verano si se desarrollan a la intemperie, puede conseguirse que florezcan en invernadero al final del invierno.

Pueden podarse fuertemente después de la floración.

Chamaecereus — ver CACTUS

Chamaedorea — ver PALMERAS

Chamaerops — ver PALMERAS

Cheiridopsis — ver MESEMBRYANTHEMUN

Chionodoxa — ver BULBOSAS

60

61

62

60. *Centradenia grandifolia*

61. *Ceropegia woodii*

62. *Cestrum aurantiacum*

Chlorophytum

Curiosas plantas, con largas hojas parecidas a las de las gramíneas, y pequeñas flores blancas en largos tallos que pueden crecer en macetas o cestillos colgantes. *Chlorophytum comosum* y su variedad *variegatum*, cuyas hojas tienen ancha franja central blanco cremosa, son vivíparas (producen plantitas en el ápice de los tallos floríferos). *C. capense variegatum* tiene las hojas bordeadas de blanco y no es vivípara.

Chorizema

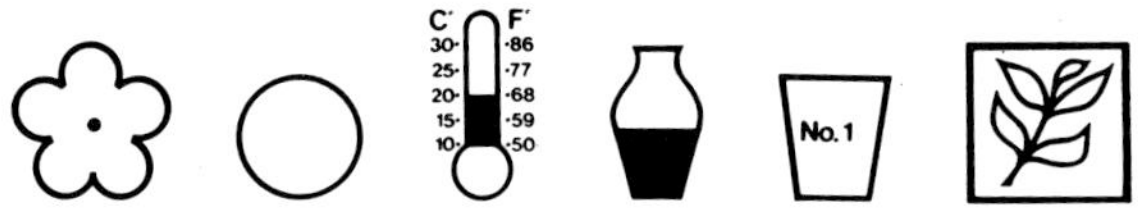

Chorizema ilicifolium, que tiene las hojas dentadas, no es una planta satisfactoria, pues tiende a crecer débilmente y de forma desparramada. *C. cordatum* tiene un mejor futuro y mucho más su variedad *splendens*. Hay otras especies, pero *C. cordatum* es la única que hemos encontrado disponible en el Reino Unido (Treseder). También es desparramada, pero puede podarse fuertemente en espaldera en cualquier época.

Las plantas no deben dejarse anegar, pues morirán rápidamente.

Chrysanthemum

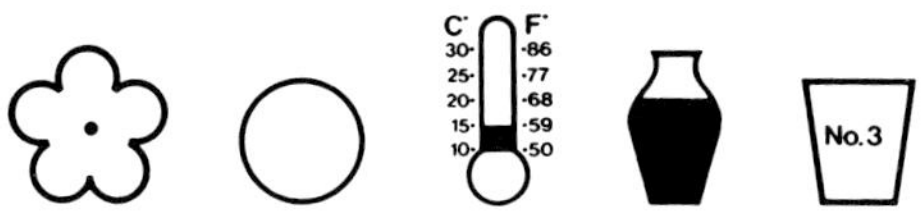

El forzado de los crisantemos es una de las tareas más especializadas en jardinería y escapa del propósito de este libro.

Sin embargo, los crisantemos, generalmente las variedades enanas, se ofrecen ampliamente como plantas de interior, por lo que pueden ser útiles algunas notas sobre su cuidado. La primera tarea, como siempre, es elegir una planta sana, que tenga bello color y muchos botones florales.

Después, para mantener la planta en flor el mayor tiempo posible, deben colocarse en un lugar fresco. 15° C (59° F) durante el día es una temperatura muy difícil de conseguir en interiores. Aunque la planta puede soportar una temperatura más alta es más corta su época de floración; se debe regar con frecuencia. Una vez que la planta ha florecido lo mejor es tirarla, a menos que se tenga un invernadero.

Los crisantemos son propensos a las desalentadoras listas de plagas y enfermedades; pero las que se compran deben estar sanas y los únicos ataques a que son suceptibles son los de aphis o el minador de crisantemos. El último, es con mucho, el más insidioso, pero puede ser controlado con gamma-BHC, parathion o diazinon; el malathion es también efectivo o un insecticida corriente, sin los ingredientes nombrados en la tabla de la página 11. Si por casualidad hay síntomas de poca salud o de actividad de plagas, las hojas infectadas deben arrancarse y tirarse. Algunos insecticidas contienen productos químicos que dañan a los crisantemos, y por ello, antes de usar un insecticida determinado, deben leerse cuidadosamente las instrucciones para el caso de que haya alguna advertencia contra su uso.

Cineraria — ver SENECIO

63

63. *Chlorophytum comosum variegatum*

64. *Chorizema ilicifolium*

65. *Chrysanthemum* «Harmony»

66. *Chrysanthemum* «Portrait»

67. *Chrysanthemum* «Peggy Stevens»

64

65

66

67

Cissus

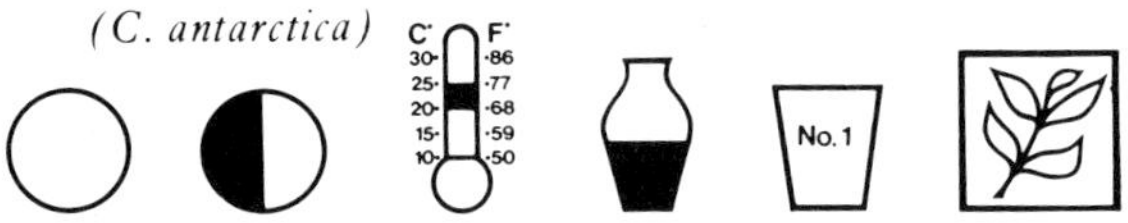

Las especies se admiran por su follaje, parecido al de la vid, más que por sus flores insignificantes verde amarillentas, y normalmente con bayas púrpura. Las plantas pueden utilizarse como lianas o en cestillos colgantes.

Cissus adenopodus, con hojas verdes de envés rojo, y *C. discolor*, con hojas púrpura plateado y verde marmoleado, con color carmesí en el envés, son las especies más llamativas (pero sólo pueden desarrollarse con éxito si se les da un ambiente de calor tropical y húmedo). *C. antarctica*, de Australia, con hermosas hojas verde oscuro, resiste muy bien temperaturas bajas y no mucha luz; por otra parte, es quizá la más práctica. Ciertamente su abundante follaje y su rápido desarrollo contribuyen a decorar una pared desnuda, en especial si es blanca.

Citrus

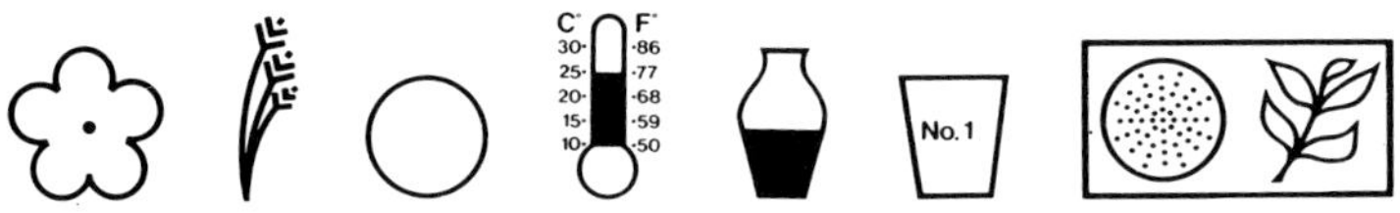

El género *Citrus* ofrece la mayor satisfacción a los entusiastas de las plantas de interior que gustan de una combinación de fragancia y belleza ornamental. Los citrus duran en flor y fruto bastante más tiempo que cualquier otra planta de interior. Es muy corta la época del año en que sus elegantes hojas no están acompañadas por las flores olorosas y embriagadoras o por los decorativos frutos amarillos o de color naranja.

El mayor inconveniente es que los citrus necesitan una atmósfera luminosa y húmeda, pero aireada, o no prosperarán. Otro inconveniente es que algunos necesitan mucho espacio; pero hay unas especies de limón y lima que florecen y dan fruto cuando son bastante pequeñas.

Otras especies son *Citrus aurantifolia*, la lima ácida, y *C. limetta*, la lima dulce o de Persia; *C. limonum*, el limonero, y su variedad *C. ponderosa;* también *C.* × *meyerii*, el limón de Meyer, con atractivas flores aromáticas, matizadas de púrpura; *C. paradisi*, la Pampelmusa; *C. sinensis*, la naranja dulce; *C. ichangense*, limón de Ichag, y *C. taitensis*, la naranja enana «Otaheite». También hay *C. mitis* o naranja Calamondin, originaria de Filipinas; es un encantador y diminuto naranjo que sostiene menudos frutos en forma de mandarinas y que tiene flores de delicado aroma durante casi todo el año.

Las plantas se beneficiarán permaneciendo a la intemperie durante el verano, de manera que el leño pueda hacerse; pero se debe tener cuidado de no trasladarlas repentinamente desde el exterior a un ambiente seco, de calefacción central, o perderán sus hojas y algunas de las ramas se marchitarán. Si esto sucediera, debe perseverarse cortando la madera muerta desde abajo y vigilando la planta hasta la primavera cuando brote el nuevo follaje.

Los cítricos son particularmente propensos a los pulgones y al ácaro rojo, que se instalan en el envés de las hojas, causando su amarilleamiento y posterior caída; deben observarse cuidadosamente para comprobar que continúan sanas.

La multiplicación es difícil, pero vale la pena intentarla: los esquejes necesitan un invernadero cálido o una estufa de multiplicación. La reproducción por semillas, aunque es más fácil, lleva cuatro o seis años antes de que florezcan y fructifiquen.

Clerodendrum

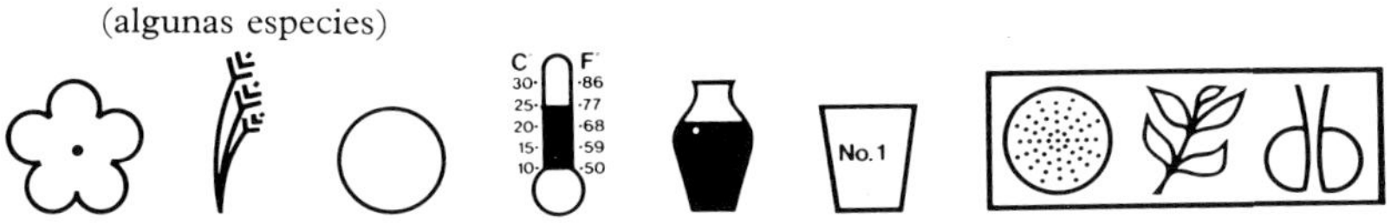

Sólo accidentalmente utilizados como plantas de interior, porque no puede hacérseles florecer a menos que tengan mucha luz y una temperatura superior a 20° C (68° F); también son rampantes las lianas. Pueden podarse drásticamente —lo que estimula la floración— y también pueden adaptarse a cestillos colgantes. Los llamativos racimos de flores, que aparecen con profusión en las plantas ofrecidas en venta, inducen a probar fortuna; son unas magníficas plantas de invernadero.

Hay dos grandes categorías de clerodendrum, los trepadores y los arbustivos. De los primeros, el más notable es *Clerodendrum thomsonae*. En su momento óptimo echará brillantes cascadas de cálices (sépalos) blancos, acorazonados, de los que se destacan corolas rojo intenso con estambres salientes. El cáliz blanco, gradualmente cambiará a rosa. En condiciones ideales esta especie florece casi continuamente, pero mucha gente se contentará con una sola época florida, al principio del verano.

Entre las especies arbustivas, *C. speciosissimun* es la más idónea para ser vendida. Las panículas de brillantes flores escarlata aparecen en profusión, siempre en las condiciones ideales. Esta especie, al contrario que *C. thomsonae*, desgraciadamente muda sus grandes hojas en invierno. *C. fragrans* es también caduca, pero sus flores blanco-rosadas son fragantes, como su nombre indica.

Durante el período de crecimiento, las plantas necesitan mucha agua.

68. *Cissus antarctica*

69. *Citrus calamondia*

70. *Citrus persea*

71. *Clerodendrum speciosissimum*

72. *Clerodendrum thomsonae*

69

70

71

72

Clianthus

Clianthus formosus es una planta australiana que tiene flores muy extravagantes de color rojo brillante, con la base púrpura negruzca. Tiene hábito rastrero y esto hace de ella una planta muy apropiada para cestillos colgantes desde los que penden sus ramas.

La tierra debe estar siempre muy bien drenada. Para obtener plantas más duraderas y seguras, las plantitas de semilla generalmente se injertan sobre matrices de *Colutea arborescens*.

Son propensas al ácaro rojo.

Clivia

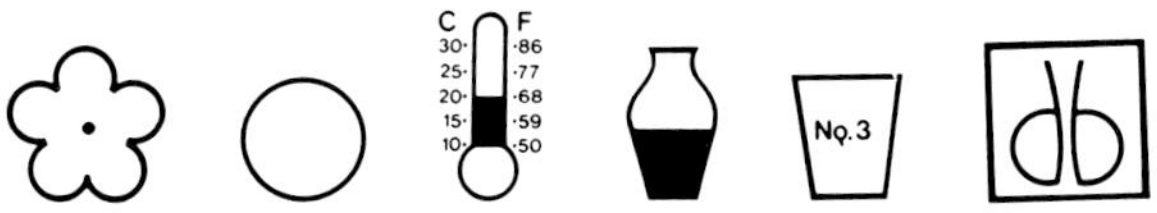

Un impresionante miembro de la familia amarilidáceas que comprende tres especies, de las que *Clivia miniata*, con sus brillantes flores, que van del rojo-anaranjado al amarillo, es la más popular. Las clivias destacan en las amarilidáceas por tener hojas perennes. *C. miniata* también tiene atractivos frutos abayados de color rojo.

Las clivias son muy vigorosas y se deben tratar como los hippeastrum (ver éste), salvo que raramente necesitan trasplante.

Coccoloba

La única especie de este extenso género que tiene interés para nosotros es *Coccoloba uvifera*, el «Kino de Jamáica». En su estado natural alcanza unos 6 metros de altura y produce racimos de fragantes flores blancas y bayas purpúreas manchadas de verde.

Como planta de interior no crecerá más de 1 metro y es muy improbable que florezca; pero sus hojas grandes, brillantes, casi redondas y onduladas, son atractivas.

Cocos — ver PALMERAS en el género *Syagrus*

Codiaeum

Lo mejor que se puede decir de los codiaeum es que aportan un elemento tropical al hogar. Sus hojas un tanto deslumbrantes, rígidas, prominentemente nervadas, de variados tonos del verde, amarillo y pardo rojizo, dan un sorprendente efecto de contraste en un grupo de plantas de follaje más suave.

Los vástagos pueden ser cortados selectivamente para producir plantas en forma de matas o pueden dejarse para que formen tallos sencillos.

Si los codiaeum se exponen al frío, o si hay cambios muy violentos en la temperatura, pueden perder las hojas.

Son propensos a la araña roja; a menos que el ambiente sea bastante húmedo también son propensos a los ataques por insectos perjudiciales de la vid.

A los codiaeum a veces se les llama equivocadamente croton. Las plantas más generalmente cultivadas son formas de *Codiaeum variegatum pictum* y variaciones de ambos en la forma y color de la hoja.

Coelogyne — ver ORQUIDEAS

73. *Clianthus formosus*

74. *Clivia miniata*

75. *Coccoloba uvifera*

76. *Codiaeum* «Volcano»

73

74

75

76

Coffea

Coffea arabica es la planta utilizada para la producción del café de la Arabia. Tiene hojas lustrosas, verde oscuras, y cuando es joven forma una atractiva planta de follaje. Si se tiene espacio suficiente se puede permitir a la planta desarrollarse más, y entonces producirá ramos de fragantes flores blancas seguidas de frutos (de los que se saca la semilla) que maduran en color rojo. Las plantas pueden podarse drásticamente. Las demás especies no son adecuadas a nuestros fines. *C. arabica* necesita mucho aire y humedad.

Los esquejes deben tomarse de tallos ya maduros.

Coleus

Es un género con unas 150 especies de los trópicos del Viejo Mundo. *Coleus blumei* y sus variedades son las más corrientes, y es más una planta de jardín que de interior porque el extraordinario abigarramiento de color en las hojas —amarillo, rosa, rojo, cobre, y carmesí, a veces combinado con verde y con otros— se muestra más efectivo cuando las plantas están agrupadas y contrastan unas con con otras en un conjunto.

Pero hay gentes apasionadas por los coleus y pueden procurarse espacio suficiente para una grandiosa exposición en interiores, o en otro caso, las agrupan de forma atractiva con otras plantas de follaje.

Se aconseja quitar los botones de las insignificantes flores, excepto en el caso de *C. frederici*, *C. thyrsoideus*, y algunas otras especies que tienen grandes panojas de flores de color azul brillante o púrpura, aromáticas en el primero, con la gran ventaja de aparecer en invierno.

C. blumei se conserva bien una sola estación, pero los esquejes enraizan muy fácilmente y en cualquier época del año. Cuando la planta madura, deben cortarse los ápices para conseguir forma de mata.

Las plantas de coleus son propensas a la chinche de la harina, a la mosca verde, etc. Pueden también ser atacadas por las anguílulas de la hoja. Los mejores remedios son el Thionazín o el Parathión.

Collinia — ver PALMERAS

Columnea

Este género de plantas perennes del trópico sudamericano está estrechamente relacionado con *Aeschynanthus*, de Malasia; tiene varias especies péndulas que son plantas apropiadas para cestillos. Entre ellas está *Columnea gloriosa*, con flores tubulosas de color rojo vivo, amarillas en la garganta (la variedad *purpúrea* tiene hojas púrpura cuando son jóvenes que tornan a broncíneo); *C. oerstediana* (con flores naranja rojizas), y *C. rotundifolia*, con grandes flores largas de color carmesí, en invierno.

Para su cultivo véase *Aeschynanthus*. Lo mismo que éste, columnea debe disponer de un alto grado de humedad o caerán sus hojas y brotes.

Commelina

Intimamente relacionado con las tradescantias, con pequeñas flores, generalmente de color azul intenso. Tiene corta vida (de aquí el nombre vulgar, «Flor de un día»), pero aparecen con profusión. Algunas especies tienen hojas variegadas. Crecen con facilidad.

Conophytum — ver MESEMBRYANTHEMUM

77. *Coffea arabica*

78. *Coleus blumei* «Salmon Lace»

79. *Columnea gloriosa purpurea*

80. *Commelina tuberosa*

77

78

79

80

Convallaria

La única especie de este género, *Convallaria majalis*, «el lirio de los valles», o «muguet», crece con facilidad a la intemperie en un clima templado. Sin embargo, ha sido incluida aquí por la misma razón que algunas bulbosas, es decir, porque puede hacérselas florecer durante el invierno si se les proporciona un calor moderado. Merecen la pena por su delicada pureza y fragancia.

«Los lirios de los valles» pueden ser suministrados en forma de rizomas o pimpollos, que consisten en yemas con raíces, cortadas de los rizomas. Estos deben colocarse apretados, juntos en una maceta, con fibra de turba sobre una base de carbón vegetal; los ápices deben asomar apenas sobre la superficie, que puede estar cubierta con una capa de musgo para ayudar a conservar la humedad y para decorar.

Si los rizomas han sido tratados para forzado —por ejemplo, mantenidos a una temperatura apenas por debajo del punto de congelación durante tres meses— las flores aparecerán aproximadamente un mes después de implantados, siempre que tengan una temperatura de unos 20° C (68° F) durante el día. Si los rizomas no han sido tratados así será necesaria una cama caliente, entre 20° y 25° C (aproximadamente 75° F) para forzarlos a florecer rápidamente.

La fibra, o cualquier medio usado, debe permanecer siempre húmeda, y cuando los botones florales aparezcan debe proporcionárseles luz, pero protegidos del sol directo.

Debemos recalcar que sólo deben elegirse los rizomas rollizos, con yemas sanas.

Convolvulus

Entre este género de especies predominantemente rastreras o trepadoras hay una por lo menos que llama la atención de los cultivadores de plantas de interior. Esta es *Convolvulus enebrum*, una mata graciosa, compacta, con delgadas hojas cubiertas con blandos pelos plateados; las flores parecen una versión más grande de *C. arvensis*, la conocida «corregüela», y se presentan solamente en los extremos de los renuevos. Las plantas no son exigentes y están relativamente libres de trastornos. No deben mantenerse en un ambiente con alto grado de humedad y temperatura elevada, pues las flores pueden amarillear y marchitarse.

C. cneorum es bastante resistente y puede permanecer a la intemperie durante el verano.

Cordyline

Una de las más elegantes plantas de follaje, aunque en su hábitat natural las cordylines también den panículas de pequeñas flores olorosas de color crema.

Las hojas largamente puntiagudas de las variedades de *Cordyline terminalis* pueden tener las más brillantes combinaciones de colores, generalmente verde y rosa intenso o rojo. Las cordylines tienden a ser difíciles, porque la coloración no se desarrolla por completo hasta que las plantas tienen varios años.

Son plantas relativamente inmunes a las plagas, excepto al ácaro rojo.

Las cordylines se confunden a menudo con las dracaena (ver ésta).

La multiplicación a partir de ramas previas es algo impracticable, puesto que debe ser por un esqueje de tallo, y así se mutila a la planta madre.

Correa

Estos arbustos, con sus numerosas flores tubulosas, tienen un sereno atractivo; aún más, florecen en el invierno y durante un largo período.

Correa pulchella tiene flores rojo pálido o bermellón; *C. reflexa* (sinónimos: *C. rubra* y *C. speciosa*), en Australia llamada «Fuchsia nativa», tiene abundantes flores rojas, manchadas de amarillo o verde; *C. × mannii* es un gracioso híbrido de estas dos, con flores de color rojo intenso. *C. × harrisii* es un atractivo arbusto, con flores verde-amarillentas.

81. *Convallaria majalis*

82. *Convolvulus cneorum*

83. *Cordyline terminalis*

84. *Correa schlechtendalii*

81

82

83

84

Coryphantha — ver CACTUS

Cotyledon

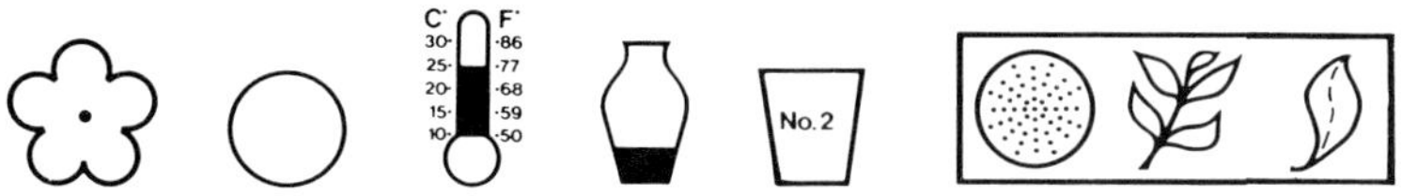

La mayoría de las especies antes clasificadas como *Cotyledon* han sido transferidas a otros géneros, principalmente a *Echeveria*. Hemos omitido los arbustos perennes, no así los caducos, que nos interesan aquí. Todos los cotyledon son crasos.

Cotyledon undulata es tal vez la mejor especie. Sus hojas tienen el borde ondulado y están cubiertas por una pruína blanca. Las rojas flores tubulosas son péndulas. Las plantas de esta especie no deben tener sus hojas mojadas, pues perderán su lozanía. *C. coccinea* se conoce ahora como *Rochea coccinea* (ver ésta).

Sus inflorescencias pueden ser atacadas por aphidos.

Crassula

Este género da nombre a la familia Crassuláceae. Un extenso género de hierbas y arbustos crasos, de muy variada forma y textura; la mayoría proceden de Africa del Sur.

Elbert y Hyams, con bastante razón, recomiendan mucho *Crassula portulacea* —vulgarmente llamada «Planta del Jade»—, por su semejanza con las formas esculturales chinas, y porque las plantas «crecen en soberbios ejemplares, con gruesos troncos que les hacen parecer antiguos y nobles».

Otra especie muy diferente es *C. sarcocaulis*, un pequeño arbusto con una masa de florecitas rosas. Es lo bastante resistente para crecer en una rocalla y también será un atractivo aditamento en un grupo de plantas crasas.

C. coccinea es sinónimo de *Rochea coccinea* (ver ésta).

Crocus — ver BULBOSAS

Crossandra

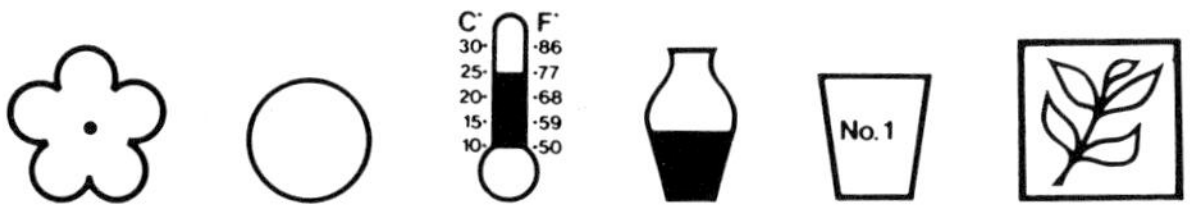

Un pequeño género de atractivas plantitas que se ofrecen mucho a la venta durante el verano. Sus flores, parecidas a las prímulas, se disponen en espigas terminales. Las flores pueden ser lila pálido en el caso de *Crossandra guineensis*, o color naranja en *C. smithii*, o rojo anaranjado en *C. nilotica* o *C. infundibuliformis* (sinónimo de *C. undulifolia*).

Croton — ver CODIAEUM

85, 86. *Cotyledon undulata*

87. *Classula arborescens*

88. *Crossandra Susithii*

85

86

87

88

Cryptanthus

Al contrario que la mayoría de las bromeliáceas, los cryptanthus no tienen flores muy interesantes, pero son valorados por su follaje brillantemente coloreado y por las formas curiosas de algunas especies y variedades. Las poco coloreadas tienen escaso interés.

La más espectacular es *Cryptanthus bromelioides tricolor*, cuyas largas y puntiagudas hojas están franjeadas con rosa, amarillo, blanco cremoso y verde, como si la planta hubiese sido decorada para un carnaval. Otras especies sorprendentes son la pequeña *C. bivittatus*, con hojas dentadas, ligeramente onduladas, que presentan dos rayas de color ante; la variedad *roseo-pictus* tiene rayas color rosa, como su nombre indica. También tenemos *C. fosterianus*, la más grande, con líneas transversales de varios colores en las hojas, algo parecido a *C. zonatus;* y *C. acaulis*, cuya variedad *rubra* es una impresionante planta cuando las blancas flores destacan del fondo de hojas color malva.

Las normas usuales para las bromeliáceas (ver *Aechmea)* deben aplicarse aquí, excepto en que los cryptanthus son terrestres, pero con sistema radicular bastante débil, y algunas no tienen la copa usual; y así es un problema mantener el alto grado de humedad. Deben estar húmedas en verano y en un lugar seco en invierno.

Ctenanthe — ver MARANTA

Cyanotis

Un inconspicuo género, estrechamente relacionado con *Tradescantia*, aunque con un aspecto más compacto. Queda mejor usándolo como parte de un grupo de plantas de follaje, aunque produzca panojas de menudas flores azules, en el caso de *Cyanotis barbata* y en alguna otra especie, o de color de rosa, en *C. kewensis*.

Cyclamen

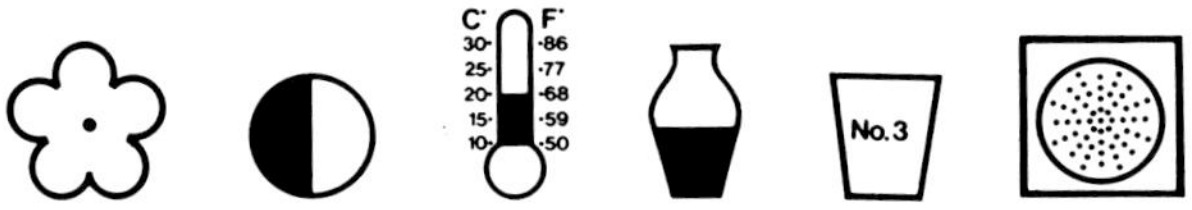

El cyclamen es, posiblemente, la planta florida de maceta más popular, lo que es un tributo a su encanto y otras cualidades porque resume los problemas que ha de afrontar cualquier aficionado a las plantas de interior. El cyclamen florece en invierno y realmente necesita condiciones que son diametralmente opuestas a las que prevalecen en esta estación en la mayoría de los hogares. Necesitan luz, una temperatura fresca de unos 15° C (59° F) y un alto grado de humedad en el ambiente; las perjudican las corrientes de aire. Por esto no es sorprendente que ocurran desastres desconcertantemente rápidos entre las plantas más lucidas, amarilleando las hojas y marchitándose las yemas.

Debe tenerse mucho cuidado con el riego, ya que la planta no debe estar nunca demasiado seca ni demasiado húmeda. Rochford y Gorer aconsejan mantener el tiesto rodeado de turba húmeda, que es una excelente salvaguardia, porque con ella la planta tiene que ser regada muy poco cada vez. Pero no olvidar que la turba debe estar húmeda.

El regar desde arriba o introducir el tiesto en agua depende de la forma de crecimiento de la planta. Si el ápice del bulbo está sobre la superficie de la tierra, se puede regar desde arriba en la forma ordinaria sin que se causen daños. Si, por el contrario, el bulbo está completamente enterrado es más prudente regar introduciendo el tiesto en agua hasta los 3/4 durante unos minutos. Se debe evitar que la planta permanezca introducida hasta el ápice del bulbo donde brotan las hojas y las yemas. Sin embargo, si se usa el segundo método, no debe permitirse que la maceta almacene agua. Debe resaltarse otra vez que la única esperanza de mantener el cyclamen sano es tener el suelo más bien seco, pero el ambiente lo más húmedo posible y proporcionarle mucha luz.

Después de que la planta ha florecido, las hojas continuarán creciendo durante unas seis u ocho semanas, y debe continuar la vigilancia del riego. Cuanto más crezca en éste período, estará mejor al año siguiente. Cuando las hojas empiezan a amarillear dejar de regar y colocar la planta en un lugar seco a la intemperie, después guardarla en un lugar seco y oscuro.

En julio llevar de nuevo la maceta a un lugar iluminado y comenzar el riego, muy cuidadosamente al principio, hasta que haya claros signos de crecimiento. (Si ha estado en un tiesto de unos 9 centímetros es mejor trasplantarla a uno de unos 13 centímetros). Cuando se inicia el crecimiento empezar a abonar con regularidad. Teniendo cuidado, la planta florecerá de nuevo en diciembre o enero. Permanecerá en su óptimo como máximo durante tres temporadas.

Cuando se compra por primera vez un cyclamen asegurarse de que es una planta realmente sana, con follaje oscuro, vigoroso. Es mejor que la planta tenga unas pocas

89

90

91

89. *Cryptanthus fosterianus*

90. *Cyanotis kewensis*

91. *Cyclamen persicum* (forma silvestre)

flores abiertas y muchas yemas bien desarrolladas. El cambio de ambiente del invernadero a la tienda y desde ésta al hogar, inevitablemente habrá perjudicado a la planta, y algunas de las yemas más pequeñas pueden no desarrollarse bien. Por lo menos asegurarse de que usted obtiene por el valor de su dinero una buena floración de un mes en la primera temporada.

Muchos estarán de acuerdo que el original silvestre *Cyclamen persicum*, que crece en Grecia y Asia Menor, con sus hojas marmoleadas y sus pequeñas flores fragantes y delicadamente graciosas, en largos tallos, es más bello que las variedades cultivadas, más burdas y extravagantes; pero si no se tiene la fortuna de haber visto un cyclamen silvestre no se debe desilusionar por ello, debe contentarse con el hermoso y de ninguna manera deslucido cyclamen cultivado (1). La variedad forzada «Silver leaf» es admirada también por su follaje.

En las condiciones de suelo, ambiente y grado de humedad convenientes, los cyclamen no son muy propensos a las enfermedades. Si hay demasiada humedad, la planta puede ser atacada por enfermedades fúngicas y debe ser tratada con polvo cupro-cálcico. Por el contrario, un ambiente demasiado seco predispondrá a la planta al ácaro rojo. Cuando algunas hojas amarilleen deben arrancarse desde la base cuidadosamente para impedir que se pudra.

Aunque no es frecuente en plantas bien cuidadas, los ácaros tarsonémidos pueden atacarla. Esto se evidencia por unos «remiendos» de color herrumbroso en las hojas más jóvenes y causa la torcedura de las mismas y encanijamiento. Puede contenerse con Dicofol, Endrin, o Endosulfan. También pueden aparecer el gorgojo de la vid y el arador de la hoja; los mejores remedios son Gamma-BHC y Thionazin.

(1) Se ha conseguido recientemente una variedad forzada, enana, poco florida, que es aromática.

Cymbidium — ver ORQUIDEAS

Cyperus

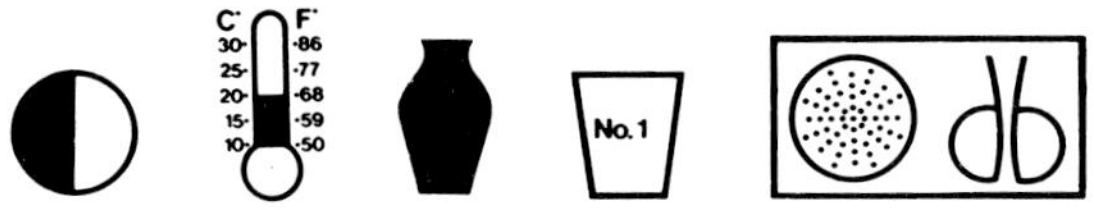

Algunas especies de este género de hierbas juncosas o graminiodes constituyen graciosas plantas de interior. *Cyperus alternifolius*, con abanicos de hojas umbeliformes al final de tallos de unos 30 a 60 centímetros, es particularmente recomendado. *C. diffusus* es una planta más alta, también atractiva, especialmente en un grupo de varias plantas; en mayor escala, por ejemplo, en un invernadero, constituye una bonita planta acuática.

Los cyperus no pueden tener demasiada agua y es mejor colocarlos en un recipiente de agua de poco fondo. Tienen también la ventaja de que no necesitan mucha luz. Su único inconveniente es la tendencia de los ápices foliares a ponerse pardos por las corrientes de aire o por tener muy poca agua.

Cypripedium — ver *Paphiopedilum* en ORQUIDEAS

Cyrtomium — ver HELECHOS

Cytisus

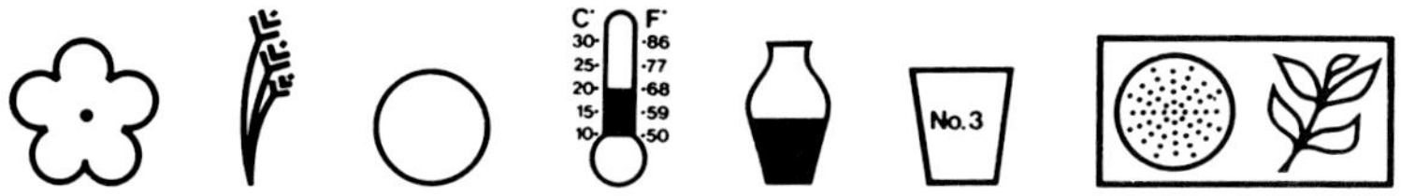

Los *Cytisus*, junto con sus parientes *Genista* y *Spartium*, se agrupan comúnmente bajo la denominación general de «Retama» (o «Retama de Escobas», N. del T.). La mayoría de las retamas son bastante vigorosas para crecer satistfactoriamente a la intemperie; pero entre las especies más delicadas, *Cytisus canariensis*, la «Genista» de los floristas, es una deliciosa planta de interior. Es una mata compacta, con abundantes flores amarillas débilmente fragantes, que aparecen en primavera (o antes, si se les puede proporcionar una temperatura de 20° C (68° F)).

C. supranubius, «Retama del Teide» (sinónimos: *Genista fragrans*, *Spartocytisus nubigenus)*, es considerablemente más alta, tiene fragantes flores blancas, manchadas de rosa, y es también meritoria planta de interior.

Cuando ha pasado el peligro de las heladas, les vendrá bien situarlas a la intemperie, en un lugar soleado; pero no deben abandonarse, pues necesitan mucha agua durante el verano y también abonado periódico. Debe tenerse mucho cuidado en evitar el riego excesivo cuando las plantas están en el interior, así como evitar la falta de riego en el verano, porque se pueden dañar fácilmente y caerse las yemas.

Después de la floración, los vástagos jóvenes pueden ser podados desde abajo.

92. *Cyperus diffusus*

93. *Cytisus supranubius*

94. *Damnacanthus indicus*

95. *Datura suaveolens*

92

93

94

95

Damnacanthus

Delicados arbustos perennes, con capas de ramas delgadas, espinosas, estrechamente apretadas, y pequeñas hojas acorazonadas, brillantes. Las dos especies que se encuentran con más frecuencia son: *Damnacanthus indicus* y *D. major;* forman grupos de pequeñas flores blancas, que en el caso de *D. major* son fragantes; sus frutos son pequeñas bayas de color escarlata brillante.

Su apretado crecimiento y su apariencia ornamental las hacen ser unas plantas de interior muy atractivas, que cuando son todavía pequeñas se parecen a los árboles «Bonsai» (N. del T.: Arboles miniatura japoneses). Merecen ser conocidos más ampliamente.

Datura

Las más admirables especies de este género tienen tal belleza exótica y fragantes flores en forma de trompeta, que merecen su inclusión aquí, a pesar de que algunas son anuales, mientras que otras tienden a ser grandes y desgarbadas. Las últimas pueden, en efecto, podarse drásticamente. Algunas especies tienen importantes cualidades medicinales, otras pueden ser altamente venenosas.

Entre las mejores especies perennes están: *Datura arborea* «Trompetas», con enormes flores de color blanco amarillento; *D. cornigera* o *knightii*, con flores blanco cremosas (normalmente dobles en *D. knightii*), muy olorosas por la noche; *D. meteloides*, con flores grandes, de color violeta pálido, de agradable aroma y en algunas variedades teñidas de rosa o blanco, y *D. suaveolens*, con flores blancas, aromáticas.

Las plantas deben ser bien fertilizadas y regadas durante el período de crecimiento, pero deben mantenerse en un lugar seco durante el invierno. Pueden permanecer a la intemperie durante el verano. Deben vigilarse estrechamente, para evitar la aparición del ácaro rojo.

Los esquejes enraizan muy fácilmente en cama caliente.

Davallia — ver HELECHOS

Dendrobium — ver ORQUIDEAS

Dendromecon

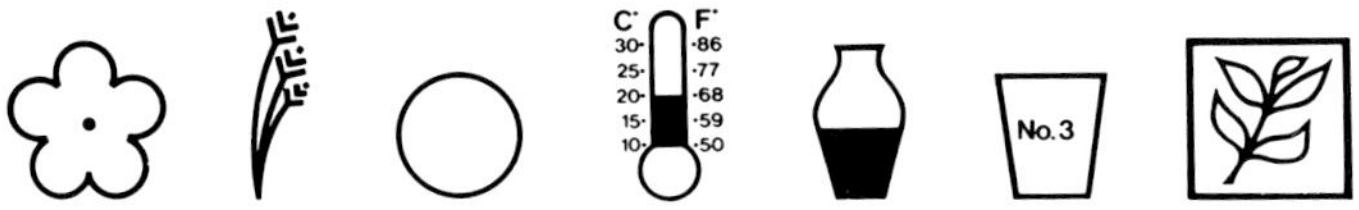

Un atractivo y sorprendente arbusto, *Dendromecon rigidum*, tiene hermosas hojas levemente aguzadas, de color de bambú, y flores amarillas aisladas, parecidas a grandes botones de oro (N. del T.: «Ranunculus»), con un aroma de cohombro deliciosamente fresco (1). Esta planta puede florecer en febrero. *D. harfordii* tiene hojas ovales y flores amarillas mucho más grandes; su variedad *rhamnoides* las tiene parecidas, pero las hojas son verde azuladas y las flores de un amarillo más pálido.

Las plantas alcanzan fácilmente una forma desgarbada, pero pueden podarse sin peligro después de la floración. Sin embargo, es una planta difícil porque debe tener muy buen drenaje y un ambiente muy seco; pero morirá rápidamente si se deja a la intemperie en un ambiente seco. También les perjudica que se remuevan sus raíces. Nosotros hemos tenido más fracasos con esta planta que con cualquier otra.

(1) Debemos la identificación del aroma a los señores Treseder.

Desfontainea

Desfontainea spinosa es una planta que merece ser más ampliamente conocida de lo que es. Tiene hojas perennes, parecidas a las del acebo, y produce numerosas flores tubulosas de color llama, con ápices amarillos. Florece al final del verano.

Las plantas necesitan estar bien drenadas y el suelo libre de cal. La multiplicación por semilla es más segura que por esqueje.

Dichorisandra

Dichorisandra mosaica es una atractiva planta que echará una cima de brillantes flores azules, desde una cubierta de llamativas hojas de color púrpura en el envés y verde oscuro en el haz, salpicadas con finas líneas horizontales de color blanco. Su variedad *undata* es más pequeña y mucho más compacta con hojas mayores, onduladas, con vetas verticales, alternando en verde plateado y verde negruzco. *D. reginae* también tiene hojas de formas curiosas: verdes, con matiz blanco, a menudo teñidas con púrpura a lo largo del nervio medio, así como en el envés. Sus flores son blancas, tenidas de azul.

En verano deben protegerse de la luz solar directa.

Dictyosperma — ver PALMERAS

96

98

97

96. *Dendromecon rigidum*

97. *Desfontainea spinosa*

98. *Dichorisandra reginae* (izquierda), *Pellionia repens* (derecha)

Dieffenbachia

En condiciones naturales, las dieffenbachias crecen hasta 2 metros; pero cuando son jóvenes contribuyen a dar elegancia a un grupo de plantas de follaje, aunque no se recomiendan aisladas. Las hojas son grandes, verdes y manchadas de crema o blanco. *D. amoena*, *D. arvida*, «Exótica» (muy variegada), y las variedades de *D. picta* son las que se encuentran más a menudo.

Desgraciadamente, las dieffenbachias se incluyen entre las plantas de follaje más delicadas y, por tanto, precisan una reproducción tan exacta como sea posible del ambiente húmedo y cálido de los trópicos lluviosos. La temperatura mínima, en invierno, no debe bajar de 15° C (59° F) o 20° C (68° F) en el caso de *D. picta* y sus variedades.

La savia de dieffenbachia es venenosa.

Los esquejes enraizarán bastante bien en cama caliente, o los vástagos echados por las plantas pueden arrancarse y plantearse por separado. También pueden desecarse ligeramente partes del tallo de 2,5 a 5 centímetros de largo y después enraizarse en un bastidor de multiplicación.

Dipladenia

Plantas trepadoras perennes, muy atractivas, que deberían ser mucho más ampliamente conocidas.

Dipladenia splendens, con flores en trompeta, de color rosa pálido, es la especie más corriente; pero hay también otras especies, híbridos y variedades deliciosas.

Las dipladenias deben florecer continuamente durante todo el verano. Cuando se inicia la floración, los vástagos nuevos deben podarse selectivamente; una vez que la planta ha llegado al tamaño deseado debe cortarse todo nuevo vástago. En efecto, las plantas pueden convertirse en arbustos más que en trepadoras, si así se desea.

Las dipladenias son naturalmente de hoja perenne, pero pueden perder sus hojas en interiores si el ambiente llega a ser demasiado seco. Les conviene un alto grado de humedad en suelo y ambiente durante su período activo. Pero la tierra debe estar bien drenada o de lo contrario las hojas amarillearán y caerán rápidamente. Son muy propensas a los ataques por aphis y ácaro rojo.

Los esquejes de retoños jóvenes, o de partes del tallo con dos hojas de algo menos de 2,5 centímetros, enraizan fácilmente en cama muy caliente, entre 25-30° C (77-86° F).

Dizygotheca

Dizygotheca elegantissima, el miembro más corriente de este pequeño género, tiene agrupaciones de hojas extendidas, particularmente bellas, débilmente dentadas, de color malva parduzco, abigarradas de blanco, y dan una gran vistodidad a otras plantas de follaje grande o arbustos.

Desgraciadamente es muy delicada y necesita mucha humedad (o la atacará el ácaro rojo) y es preferible que la temperatura no baje de 15° C (59° F). Tiene un crecimiento muy lento.

D. elegantissima se conoce también como *Aralia elegantissima*.

99

99. *Dieffenbachia amoena*

100. *Dipladenia boliviensis*

101. *Dizygotheca elegantissima*

100

101

Dracaena

Un género más amplio y variado que *Cordyline*, con el que se confunde frecuentemente. *Dracaena deremensis* es parecida a un cordyline con hojas franjeadas de plata. *D. fragrans*, «Massangeana», es una planta arborescente, con hojas largas, puntiagudas, y en su hábitat natural con racimos de flores amarillas y aromáticas. Crece mucho, pero normalmente ha sido desmochada cuando alcanza 1 metro de alto; esto origina renuevos de hojas desde varios puntos, y aunque se pudiera esperar que quede una planta desgarbada, de hecho el resultado es imprevisible. *D. marginata* es muy elegante, con corteza blanda de color gris brillante y hojas verde oscuro, con bordes rojos, de forma similar. *D. sanderiana*, varias veces ramificada, con hojas verde grisáceo, tornasoladas en marfil.

Como las cordyline, las dracaenas jóvenes necesitan mucha luz, calor y humedad para que alcancen su plena coloración; pero una vez que la planta es adulta, esto es menos necesario. Sin embargo, cada una de las especies mencionadas debe colocarse en un lugar seco en invierno, excepto *D. marginata*, que necesita más humedad para evitar que los ápices de las hojas se pongan pardos. No rociar ninguno de los dos géneros cuando el ambiente es frío porque el agua que se aloja en las uniones foliares puede dañarlas.

Drejerella — ver BELOPERONE

Duranta

Duranta repens es una mata de lo más atractiva, con una masa de florecitas azules, púrpura o blancas, y bayas amarillas en ramajes normalmente péndulos. Merece la pena conservarla si es posible.

D. plumieri es al parecer un sinónimo.

Las plantas necesitan el tratamiento normal para los arbustos de los trópicos lluviosos. Tienen un crecimiento muy rápido, pero pueden podarse sin que se dañen.

La mosca verde parece tener un apego obsesivo hacia los retoños, y la mosca blanca hacia las hojas.

Echeveria

Tal vez la más atractiva de la familia crassulaceae, a la que también pertenecen *Kalanchoe* y *Sedum*. Las hojas están dispuestas en rosetas, pero varían mucho en forma y color.

Echeveria retusa hybrida tiene hojas verde glauco, con márgenes rojos, y numerosas flores rosa carmesí durante el invierno. *E. gibbiflora*, tiene hojas gris azuladas, céreas con un matiz purpúreo, y en el verano flores escarlata. *E. harmsii* (también conocida como *Cotyledon elegans*, *Oliveranthus elegans* y *Echeveria elegans*) es una planta ramosa, con flores tubulosas, relativamente grandes de unos 2,5 centímetros de largo, de color rojo y amarillas en su interior, abriéndose en su ápice.

Las plantas deben protegerse del fuerte sol, pero deben tener mucha luz. No regar demasiado o se volverán rampantes y perderán su atractiva simetría.

Echinopsis — ver CACTUS

Elentheropetalum *ernestii-augustii* — ver *Chamaedorea* en PALMERAS

102. *Dracaena deremensis* «Bausei»

103. *Dracaena marginata*

104. *Duranta repens*

105. *Echeveria harmsii*

106. *Echeveria retusa*

107. *Elettaria cardamomum*

102

103

104

105

106

107

Elettaria

Un miembro de la familia zingiberáceas o familia del jenjibre, *Elettaria cardamomun*, es la célebre fuente de las semillas de cardamomo, que caracteriza a la cocina oriental a la que verdaderamente anima. También es masticada para refrescar el aliento, atribuyéndole cualidades de estimulante, carminativo y antiséptico (1). Lástima que las flores y, por tanto, el fruto, no sean demasiado fáciles de conseguir (2); pero el follaje es gracioso. Además las hojas darán a sus manos un delicioso aroma a limón, si se aplastan entre ellas. En su medio natural, muchos tallos de la planta crecerán hasta 3,5 metros aproximadamente; pero como planta de maceta es improbable que se consiga una altura mayor de 60 centímetros.

Es una planta más bien exigente y necesita buena luz, pero resguardada del sol directo; así como mucho abono bien equilibrado si la planta ha de dar de sí lo mejor.

Elettaria cardamomum es, a veces, erróneamente llamado *Amomum cardamomum*.

(1) El interesado encontrará una autorizada exposición de la planta y sus cualidades (junto con una excelente ilustración) en Grieve, *A Modern English Herbal*, 1931, bajo el título Cardamoms.

(2) Podemos ser pesimistas en este caso, porque parece ser que no hay una razón particular para que la floración no se produzca. Lo cierto es que nuestras plantas no han producido flores ni frutos. Los rizomas y tallos proliferan rápidamente y puede ser conveniente un aclareo drástico para estimular el fuerte crecimiento.

Epacris

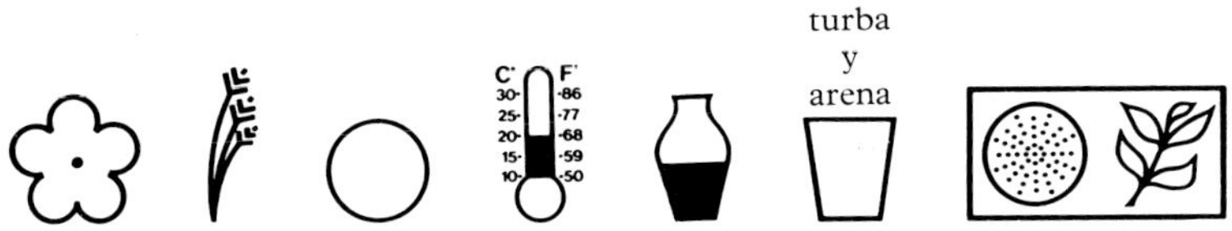

Este género, principalmente australiano, es más bien similar en apariencia y necesidades a los brezos del Cabo (*Erica*, ver ésta); pero tiene la ventaja de que sus flores son más llamativas, siendo a veces más fácil de aclimatar a las condiciones de interior.

La mayoría de las especies son erguidas, pero algunas son péndulas y éstas son las más atractivas. *Epacris longiflora* tiene flores tubulosas largas, como su nombre indica, de color carmesí, pero blancas en el ápice. Tienen un largo período de floración. *E. obtusifolia* es erguida, pero tiene flores pequeñas blanco cremosas, deliciosamente aromáticas.

Al igual que los brezos, epacris necesita un cuidadoso riego, un suelo sin cal y no debe dejarse secar a la intemperie; del mismo modo que los brezos es mejor que permanezcan en el exterior durante el verano.

Epiphyllum — ver CACTUS

Episcia

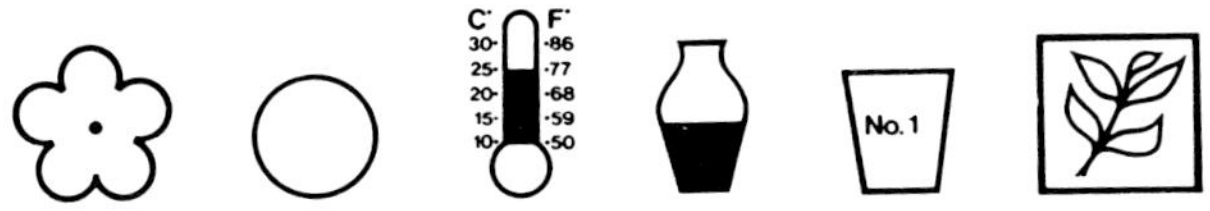

Las episcias tienen un follaje llamativo, así como unas flores bastante atractivas y un período de floración muy largo. Algunas especies, como *Episcia cupreata*, *E. fulgida* y *E. lilacina* (la primera con flores escarlatas, la segunda color bermellón y la tercera lila azulado o lavanda), tienen hábito rastrero y son apropiadas para cestillos colgantes. Han sido introducidos varios «cultivars» en los Estados Unidos.

Si las plantas están en macetas debe cuidarse mucho el drenaje.

Eranthemum

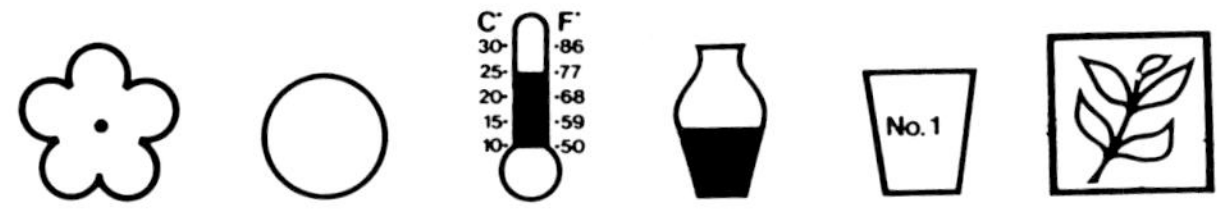

Un pequeño género de matas; muchas especies asignadas a *Eranthemum* en realidad pertenecen al género *Pseuderanthemum*.

Eranthemum pulchellum es una deliciosa planta para cultivar porque produce racimos de pequeñas flores azul oscuro durante el invierno.

Las plantas deben cortarse después de la floración para evitar que se alarguen mucho y precisen trasplantarse.

Son propensas a los ataques por pulgones.

Erica

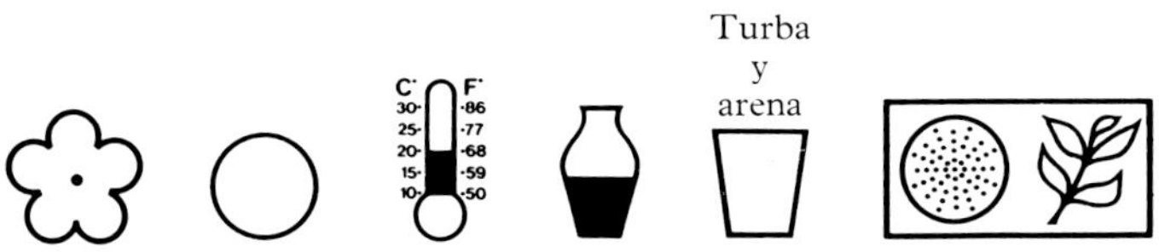

Si los brezos no floreciesen en invierno y no fuesen ampliamente ofrecidos a la venta no deberíamos haberlos incluido aquí, porque no siempre pueden resistir con éxito las sacudidas del trayecto desde la tienda al hogar. En general, son difíciles de mantener en buenas condiciones en interiores.

Las especies a que nos referimos son los brezos de Africa del Sur. *Erica hyemalis*, con flores tubulosas blancas, teñidas de rosa, es una de las más destacadas. *E. gracilis* tiene flores más pequeñas, pero muy coloreadas en rosa, y en una variedad, blancas. *E. pageana* tiene flores amarillas.

Las ericas precisan una situación iluminada, libre de corrientes, lejos del aire caliente o del humo. En efecto, están mejor situadas a una temperatura inferior a 20° C (68° F). También deben tener mucha humedad, pero con buen drenaje. Si el suelo se deja secar, las plantas perderán sus hojas y flores y pueden no recuperarse.

Si nos las entregan en tiestos pequeños, lo prudente es trasplantarlas inmediatamente. Las raíces son fáciles de manejar y la planta no sufrirá. Deben tener un suelo ácido.

Mucha gente comprobará que las plantas llegan a completar con éxito una estación florida y no resistirán la tentación de proclamarlo; pero lo peor puede venir después. Sin embargo, una atención constante es, desde luego, esencial si se quiere llevar a las plantas a períodos de floración posteriores. Las plantas deben podarse después de la floración

108. *Epacris longiflora*

109. *Episcia cupreata* «Silver Queen»

110. *Eranthemum pulchellum*

111. Varias *Erica* : *E. hyemalis* (rosa), *E. gracilis alba* (blanco)

112. *Eriobotrya japonica*

113. *Erythina crista-galli*

108

109

110

111

112

113

para que conserven una buena forma. Es mejor que permanezcan a la intemperie desde finales de mayo a la mitad de septiembre, pero si el tiesto se secase los resultados serían fatales.

Eriobotrya

Eriobotrya japonica, el «níspero del Japón», es un hermoso árbol que cuando es joven puede usarse como planta de interior o invernadero. Tiene hojas grandes, lanceoladas, de hasta 30 centímetros de largo y 12,5 de ancho, y fragantes flores blanco amarillentas.

En condiciones naturales (y al Sur de unos 45° de latitud) también producirá deliciosos frutos piriformes amarillos.

También hay una forma variegada de *E. japonica*.

Desgraciadamente, la planta tiende a perder sus hojas más viejas y por ello a hacerse algo desgarbada. Es importante desmochar tempranamente la raíz principal, y entonces la planta producirá numerosas raíces laterales.

Erythrina

Erythrina crista-galli, el (árbol del Coral), es la especie más frecuentemente hallada. Es una planta llamativa y, en verano o en otoño, produce una masa de flores color coral o rojas, parecidas en su forma a las del guisante. Debe cuidarse como una planta herbácea, es decir, los tallos se cortarán después de la floración a unos centímetros del suelo. Durante el período de dormancia, las erythrinas deben mantenerse en un lugar fresco y seco. En la primavera y durante el período de crecimiento debe proporcionárseles mucho calor, humedad e iluminación.

Los esquejes se tomarán de vástagos jóvenes provistos de talón, durante la primavera.

Espostoa — ver CACTUS

Eucalyptus

Aunque la mayoría de los eucaliptos crecen en forma de grandes árboles en sus países de origen, Australia y Tasmania (1), varias especies, cuando jóvenes, constituyen unas deliciosas plantas de invernadero. Las hojas, de un verde plateado en muchas especies, tienen una gracia excepcional o belleza de forma, y en algunas dan un delicioso aroma si se frotan o aplastan. Además, las especies más comunes son plantas muy fáciles de conservar sanas. Su único inconveniente como plantas de interior o de invernadero es su tendencia a crecer mucho, pero en compensación pueden podarse drásticamente e incluso talarse por su base. Entonces producirán nuevos desarrollos a partir de los tubos leñosos, tumescencias leñosas, a veces situadas justamente debajo de la superficie del suelo. En efecto, las plantas necesitan que se repiquen periódicamente sus yemas apicales, de lo contrario ocurrirá la «dominancia apical»; por ejemplo: los vástagos laterales morirán por falta de nutrición, mientras que los vástagos principales se elevarán.

Eucaliptus globulus, el eucalipto, es la especie que se encuentra más corrientemente como planta de interior y tiene hojas poderosamente aromáticas, pero pronto se hará desgarbada. *E. citriodora* es, quizá, la más airosa. *E. ficifolia*, el «eucalipto de flor escarlata», produce grandes corimbos de flores escarlatas. *E. simondsii*, si bien cuando adulto tiene talla arbórea, es muy manejable podándolo periódicamente a nivel del suelo y tiene la gran ventaja adicional de producir flores blancas y aromáticas cuando es bastante joven. También hay cierto número de «mallees» (2) nativos del oeste de Australia, como *E. albida*, *E. pyriformis* y *E. rhodantha*.

Otra especie, *E. perriniana*, tiene follaje ornamental que, desgraciadamente, no tiene aroma. Pero hay otras muchas especies que deben ensayarse.

E. globulus puede ser atacado por la mosca blanca y se debe tener cuidado en usar un insecticida que no manche las hojas y estropee su floración, como ocurre con ciertos aerosoles. (Es más seguro usar un polvo como malathion.) Otra plaga peculiar de los eucaliptos es una psylla, un insecto chupador de la savia que es fácilmente detectable por la blanca pelusa que produce en las axilas de los tallos jóvenes. Debe destruirse con la frecuente aplicación de polvo de malathion.

Desgraciadamente, los esquejes de la mayoría de las especies no prenden (3), y las nuevs plantas tienen que cultivarse de semilla, lo que es más bien un proceso azaroso. Los que deseen cultivarlos de semilla pueden ver el excelente artículo de R. C. Barnard sobre eucaliptos en el *Dictionary of Gardening*, Supplement, 2.ª ed. 1969, de la Royal Horticultural Society (4).

(1) Algunas especies crecen naturalmente en el archipiélago malayo. *Dictionary of Gardening*, de la Royal Horticultural Society, Supplement, 2.ª ed., 1969.

(2) Un «mallee» es una categoría arbustiva de eucaliptos con varios tallos que brotan de un tubo leñoso. Los eucaliptos echarán cierto número de tallos desde este tubo leñoso. Esto no es normal, pero su carácter arbustivo es lo que diferencia a los «mallees» de otros eucaliptos.

(3) *E. citriodora* es una excepción.

(4) A los interesados en continuar estudiando los eucaliptos con más detalles les recomendamos el citado artículo y también *Eucalypts*, de Stan Kelly (con 250 láminas en color de acuarelas originales), con texto de G. M. Chippendale y R. D. Johnston, del Forestry and Timber Bureau; Canberra Melbourne and London, 1969.

114. *Eucalyptus globulus*

115. *Eucalyptus citriodora*

116. *Eucharis grandiflora*

115

114

116

Eucharis

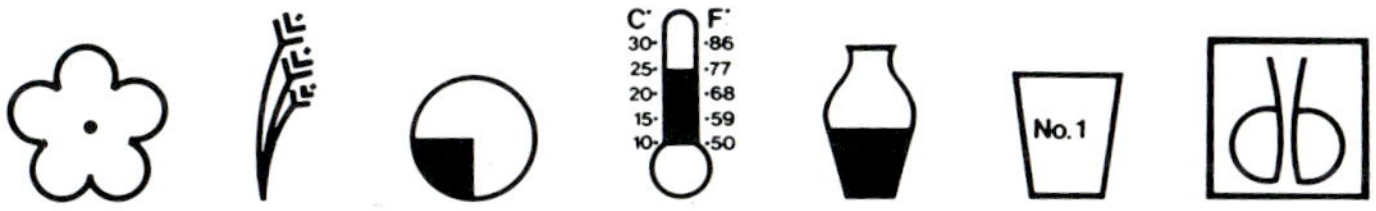

Un atractivo miembro de la familia amaryllidaceae, con umbelas de flores blancas deliciosamente aromáticas, ligeramente inclinadas, parecidas a narcisos, dispuestas en un pedúnculo de unos 60 centímetros de largo. *Eucharis grandiflora*, la «azucena del Amazonas», es la especie más conocida, pero hay otras de igual belleza.

Los bulbos deben plantarse en primavera, a una temperatura de unos 20° C (68° F) y, como en las plantas similares, no deben estar completamente cubiertos por la tierra. Necesitan un ambiente húmedo y mucha agua cuando están creciendo, pero deben estar bien drenados. Deben protegerse del sol directo en verano. Durante el invierno se mantendrán sólo con la humedad precisa para evitar que se marchiten las hojas.

Normalmente florecen al final de la primavera o en el verano, pero puede inducírseles a hacerlo más pronto, y probablemente habrá una segunda floración más tarde; debe detenerse después cualquier floración posterior (reduciendo el abonado y repicando las yemas) hasta el año siguiente, porque de otra manera los bulbos pueden quedar debilitados. Los vástagos sobrantes pueden separarse del bulbo principal (teniendo cuidado de no afectar a las raíces), pudiendo cultivarse por separado.

Son propensos al ataque por plagas, como el gorgojo de la harina y el ácaro rojo; así como un gorgojo específico del género.

Euphorbia

Varía según las especies

El género *Euphorbia* es grande y variado, comprendiendo desde plantas globulares cactiformes —*Euphorbia meloformis*— hasta árboles de unos 13 metros de altura, como *E. tetragona.*

Entre las que son de nuestro interés la planta descollante es *E. pulcherrima*, la «poinsettia» o «nochebuena». Esta, con sus brácteas rojas, brillantes, espectaculares, merece su inmensa popularidad como planta decorativa, especial mente en Navidad.

Dado el esplendor de la planta, los cultivadores han perseverado durante mucho tiempo en un empeño aparentemente inútil. En efecto, solamente desde 1964, con la introducción del forzado de Mikkelsen, fue posible obtener éxito al producir una planta resistente, pequeña, bien formada, que pudiera soportar las condiciones del hogar. Y esto ha sido logrado sólo gracias a la ayuda de los productos químicos, retardadores del crecimiento.

Probablemente el forzado de Mikkelsen lo ofrecerán con profusión en Navidad los mejores cultivadores y vendedores. Sin embargo, las plantas pueden defraudar, perdiendo rápidamente sus hojas, salvo que se compren en óptimas condiciones y se observen las reglas fundamentales.

Por ello, hay que ser particularmente cuidadoso al elegir la planta. Debe observarse su robustez y que tenga las hojas de un verde intenso, sin ningún síntoma de amarilleo o marchitamiento. Además, se obtendrá una planta más duradera si las diminutas flores del centro de las brácteas no han aparecido o acaban de salir. Las flores caen una vez cumplida su misión, aunque no importa, porque son insignificantes; por descontado, seguirá la caída de las hojas y después la de las brácteas. El intervalo entre cada caída puede variar mucho, pero de todas formas es mejor comprar la planta al principio de su ciclo de floración.

Una vez que la planta está en la habitación, se debe cuidar que no esté expuesta a corrientes de aire, que la temperatura no baje de 10° C (50° F), la ideal está en unos 15° C (59° F) o algo menos, y que el ambiente sea lo más húmedo posible: colocar el tiesto sobre una capa de turba empapada o de guijarros Stenetter y rociarla con agua lo más a menudo posible cuando la temperatura pase de 20° C (68° F). Mantener la tierra del tiesto igualmente húmeda, ni empapada ni seca, con agua a la temperatura de la habitación. (No es necesario preocuparse de la iluminación cuando las brácteas están completamente desarrolladas.)

Cuanto más estrictamente puedan mantenerse estas condiciones, mayor será la duración de la planta en flor, que puede ser de un mes, siendo una de las más satisfactorias y baratas formas de decoración floral que se pueden adquirir.

Cuando han caído las hojas y las brácteas, se debe elegir entre ser pacientemente ambicioso o dejar el trabajo diario. Si se decide por lo último, tire la planta; si por lo primero, corte las cimas florales y guarde la planta escasamente húmeda durante el resto del invierno. En abril corte el tallo a la altura de unos 10 centímetros y riegue con más abundancia. Cuando los vástagos han alcanzado de 7 a 10 centímetros de altura y han echado yemas, se deben tomar como esquejes, si se tiene un invernadero, y se deben poner en un suelo mezcla del núm. 1, trasplantádolos a la mezcla núm. 3, cuando han enraizado completamente. Se abonarán cada tres semanas. Se le debe dar la mayor iluminación posible, con una temperatura por lo menos de 20° C (68° F) durante el día, pero protegidos de la luz solar directa. Si no se tienen las condiciones para cultivar esquejes, se debe trasplantar la planta vieja a una mezcla de suelo del núm. 1. En abril, después de podarla, hay que trasplantarla a una mezcla del núm. 3, después de que la planta haya echado vástagos de 7 a 10 centímetros, y seguir las mismas instrucciones que para los esquejes enraizados.

Ya sea con esquejes o con la planta vieja, deben producirse flores por Navidad o una pocas semanas después. Sin embargo, sin la ayuda de productos químicos retardadores del crecimiento, las plantas a veces serán desgarbadas e improbablemente se lograrán las brácteas completas, como se encuentran a la venta en el comercio.

Las poinsettias son propensas a la mosca blanca y a la verde; deben ser vigiladas cuidadosamente, y si aparece alguna, tratar con aerosoles.

Gracias a la perseverancia de algunos cultivadores, se ofrece actualmente una variedad rosa y otra blanca de esta planta.

De otras euphorbias, *E. fulgens* es una atractiva planta de invernadero, con sus racimos de pequeñas flores brillantes, con las brácteas escarlata, dispuestas en largos tallos.

Tiene tendencia a hacerse desgarbada y necesita más espacio del que normalmente se dispone en una habitación. Debe ponerse en una mezcla de suelo del núm. 1.

Hay un grupo de crasas, de las que *E. milii*, «corona de espinas» (a menudo llamada *E. splendens)*, se ofrece frecuentemente como planta de interior. En la naturaleza crece como un arbusto enormemente disperso y se utiliza para setos, pero en interiores crece lentamente, y como florece cuando es muy joven, es una original planta de hogar con pequeñas flores con brácteas rojas y hojas pequeñas esparcidas en los tallos espinosos pardos, que aparentan estar secos. Debe estar en una mezcla de suelo del núm. 2, con muy buen drenaje. Necesita mucha agua durante el crecimiento, pero muy poca cuando está inactiva. La época de floración puede ser bastante larga.

Euphorbia tirucalii es un árbol llamativo, craso, con masas de pequeñas ramas tubulosas, normalmente sin hojas. Las flores son insignificantes.

117

117. *Euphorbia fulgens*

118. *Euphorbia pulcherrima* (forzado de Mikkelsen)

118

Euryops

Género de atractivos arbustos perennifolios, normalmente con grandes flores amarillas, parecidas a las margaritas. *Euryops abrotanifolius* y algunos híbridos tienen la gran ventaja de florecer al final del invierno.

Exacum

Exacum affine es una pequeña mata particularmente deliciosa, anual o bienal, de unos 30 centímetros de altura, con un grupo de florecitas suavemente olorosas, de color malva con anteras amarillas.

Las semillas deben sembrarse de febrero a mayo, a una temperatura de por lo menos 15° C (59° F) aunque mejor a 20° C (68° F), para que florezcan al final del verano y en otoño. También pueden sembrarse al final del verano para que florezcan al año siguiente. Se conseguirán plantas más grandes y mejores en este último caso, pero el primero es mucho más fácil.

x Fatshedera

Se trata de un híbrido intergenérico por cruzamiento de *Hedera hibernica* con *Fatsia japonica*, «Moseri». Es una planta fácil de mantener sana, como la hiedra común, y aunque de crecimiento lento, es muy atractiva en sus formas ordinaria y variegada, de aquí su popularidad.

Para más detalles, ver *Hedera*.

Fatsia

Fatsia japonica es un arbusto resistente, perennifolio, con grandes hojas palmeadas de color verde oscuro, brillante. Tiene también curiosas flores, parecidas a las de la hiedra, pero mucho más grandes. Existe una forma variegada con hojas moteadas de blanco.

F. japonica se conoce también como *Aralia japonica* o *A. sieboldii*.

Faucaria — ver MESEMBRYANTHEMUM

119. *Eurypos acrqeus* (sin. *E. evansii*)

120. *Exacum affine*

121. × *Fatshedera lizei*

122. *Fatsia japonica*

119

120

121

122

Ficus

Ficus carica, la higuera común, es un árbol deciduo y, desde luego, no es una planta conveniente para interior, pero cierto número de miembros perennes de este variado género forman elegantes plantas de follaje.

El más popular, *F. elastica*, la planta cauchífera de la India, tiene hojas lisas, regulares, anchamente oblongas, de color verde oscuro. En su medio natural crece hasta más de 30 metros, pero la que se compra normalmente tiene unos 30 centímetros de altura, y si está confinada en una maceta y sólo se la fertiliza ocasionalmente se maneja con facilidad. Puede mantenerse con un sólo tallo, y una planta joven puede necesitar al apoyo de un bastón para que permanezca erguida. También la yema foliar puede ser repicada al final de abril o primeros de mayo, cuando se inicia el nuevo crecimiento, entonces formará ramas, que pueden disponerse artísticamente.

Las plantas son resistentes, pero no a prueba de imprudencias. El excesivo y el escaso riego las dañarán. Si la planta ha sido regada en exceso, las hojas se decolorarán; si se ha dejado secar demasiado, caerán las hojas inferiores. En el primer caso, las plantas deben dejarse en un lugar completamente seco, antes de empezar a regar de nuevo.

En invierno, las plantas tienen un período de dormancia, entonces deben permanecer en un lugar seco hasta que se inicien otra vez nuevos vástagos. Si las hojas más jóvenes son pequeñas y están arrugadas, esto quiere decir que la planta necesita fertilización o trasplante, aunque, en general, esto las plantas no lo denotan si están muy oprimidas en el tiesto. Las vainas coloreadas en rosa, que encierran nuevas hojas, deben vigilarse y quitarse si su crecimiento es apretado, o de lo contrario las hojas pueden torcerse o pudrirse. Es mejor que el nuevo desarrollo tenga lugar lejos del la luz directa del sol, así las hojas serán más lozanas.

En cualquier época, las hojas deben limpiarse regularmente, con una esponja mojada en leche diluida en agua; esto es bueno para su salud y apariencia.

El originario *Ficus elastica* se vende poco en la actualidad. En cambio, se ofrece a la venta su variedad «decora», que es una planta mejor. Otra variedad, «doescheri», tiene en las hojas unas marcas abigarradas de rosa y crema, lo mismo que la variedad «tricolor».

Las siguientes especies de Ficus también merece citarse: La de hojas grandes, *F. benghalensis* o «higuera de Bengala», que se ramifica precozmente, es muy resistente, y no deja de crecer, siempre que la temperatura esté por encima de 10° C (50° F). *F. benjamina* no parece una higuera, pero es un pequeño y elegante árbol con hojas largas, lisas, de color verde, en ramas delgadas e inclinadas; crece muy deprisa, sin necesitar mucha luz. *F. deltoidea* (sinónimo *diversifolia)*, la higuera «mistelote», que produce pequeños frutos rojos o amarillos y tiene hojas pequeñas redondeadas; precisa de un ambiente húmedo y no se debe dejar secar a la intemperie. *F. lyrata*, el «banjo» o «higuera de hoja de violín», con grandes hojas muy coriáceas. *F. microcarpa* (a veces erróneamente llamada *F. retusa* o *F. nitida)* es bastante parecida a *F. benjamina*, pero sin hábito péndulo. *F. montana* (sinónimo *quercifolia)* es un arbustito que parece un roble diminuto. *F. pumila* es una planta bastante robusta, parecida a la hiedra rastrera, con hojas pequeñas acorazonadas (1), y *F. radicans variegata*, con largas hojas variegadas. Prefiere la sombra y nunca debe dejarse secar a la intemperie. Las especies citadas son interesantes como ejemplo de la diversidad de éste género.

Todas estas especies fructifican.

La araña roja es el principal enemigo de los *Ficus* y, generalmente, es mejor prevenirlo por pulverización. Los pulgones pueden también atacar a las especies de hoja grande.

Los esquejes necesitan para enraizar una temperatura de 25° C (77° F) o algunos grados más.

(1) Esta especie se da mejor con un suelo mezcla del núm. 3.

123. *Ficus elastica* «Decora»

124. *Ficus pumila*

125. *Ficus radicans variegata*

126. *Ficus benjamina*

123

124

125

126

Fittonia

Una planta que se admira por su follaje: las flores son insignificantes y las yemas pueden eliminarse. Los nervios de las hojas presentan un trazado delicado; en el caso de *Fittonia argyroneura* los trazos son blancos y en *F. verschaffeltii* son de color rojo intenso.

Las fittonias necesitan estrictamente las condiciones del bosque de lluvias tropical. Por tanto, *F. argyroneura* debe adquirirse únicamente si se le pueden proporcionar esas condiciones de manera estricta. *F. verschaffeltii* es menos exigente. La primera es una planta pequeña y la última es rastrera y de rápido crecimiento.

Es muy importante asegurarse de que no hay exceso o defecto de riego.

Fortunella

Pequeño género de árboles, estrechamente relacionado con los citrus, que constituyen unas plantas de interior deliciosas, con hermoso follaje, y, si se ha procedido con éxito, darán frecuentemente cosechas de fragantes flores blancas y pequeños frutos con la forma de las naranjas o limones: *Fortunella japonica*, con fruto pequeño esférico, de color amarillo dorado, y *F. margarita*, con fruto en forma de limón, de color rojo amarillento, son las especies que se encuentran con más frecuencia.

El cultivo y costumbres son similares a las de los *citrus* (ver éstos).

Se han formado nuevas plantas por injerto sobre matriz de *Poncirus trifoliata*, o *Citrus limonum*, y, desde luego, es muy importante que esta operación inicial se realice con éxito, pues de lo contrario las plantas se harán desgarbadas o volverán a la matriz.

Freesia

El delicado aroma y gracia de las freesias las hace particularmente valiosas para cultivarlas como plantas de interior. Además, no son difíciles, excepto en que detestan las altas temperaturas, tan esenciales para la mayoría de las plantas floridas de interior, por lo que deben colocarse en un lugar fresco, entre 10-15° C (50-59° F), hasta que hayan formado pimpollos, Hay numerosos híbridos con gran variedad de colores y matices, como blanco cremoso, amarillo, rosa intenso, malva, etc.

Las freesias pueden cultivarse de semilla, pero es más fácil hacerlo de bulbo. Los bulbos deben estar bien desarrollados y plantarse en macetas, separados unos 3 centímetros; deben cubrirse con una capa de tierra de algo más de 1 centímetro y con buen drenaje. Es mejor plantarlas desde agosto hasta octubre y mantenerlas a la intemperie hasta que haya peligro de heladas. Si la temperatura se deja subir muy por encima de 15° C (59° F) antes de que se hayan formado las yemas, es muy posible que las plantas se oscurezcan. Los vástagos florales necesitan un soporte (de bastones de rafia o fibra), o se inclinarán y dañarán.

Deben abonarse cada quince días, cuando las yemas florales aparezcan, y continuar hasta que las hojas empiecen a caer, con el fin de capacitarlas para que medren con pujanza al año siguiente, porque el período posterior a la floración es crítico, como en la mayoría de las bulbosas. Una vez que las hojas han caído, debe cesar el riego, y los tiestos o bulbos almacenarse secos hasta la temporada siguiente.

Si están plantadas en suelo limpio y bien cuidadas, no deben padecer enfermedades. Sin embargo, los bulbos pueden ser atacados por la pudrición seca o por marchitamiento. En el primer caso, aparece en forma de cicatrices pardas que cambian a negro, y en el segundo, como cicatrices rojas o manchas cerca de la base de la raíz. En el caso del marchitamiento, las hojas también comienzan a amarillear desde los ápices y las hojas externas pueden volverse pardas y morir. Cualquier bulbo afectado debe destruirse y los demás deben ser cuidadosamente inspeccionados (hasta separar las escamas) para asegurarse de que están sanos. Por último diremos que hay una enfermedad por virus «mosaico», que aparece como cicatrices amarillas en las hojas, que cambian gradualmente a blancas; las plantas afectadas deben destruirse inmediatamente.

Fritillaria — ver BULBOSAS

127

128

127. *Fittonia verschaffeltii*

128. *Fortunella japonica*

129. *Freesia refracta*

130. *Fuchsia* «Red Spider»

129

130

Fuchsia

Las fuchsias son difíciles como plantas de interior, porque necesitan condiciones que no sólo son arduas de conseguir, sino que también contrastan con las necesidades de la mayoría de las plantas de interior que florecen en verano. Necesitan un máximo de iluminación y alta humedad, con una temperatura fresca, no mayor de 20° C (68° F), y menor si es posible. Además son deciduas, con un largo período de inactividad.

De todas formas, producen flores tan sorprendentemente bellas que muchos se rinden a la tentación de crear en el interior un lugar adecuado para ellas. Las flores son tubulosas o acampanadas, con el cáliz de un matiz blanco o o rojo, y los pétalos, azul purpúreo o blancos.

Hay tantas variedades e híbridos disponibles que es mejor elegir entre los que ofrecen los vendedores, aunque hay que asegurarse de que la planta elegida soporte las condiciones de interior. Si se quiere dedicar a fuchsias, es esencial tener una monografía sobre el tema para que sirva de guía. Muchos híbridos son apropiados para hacer pruebas y también son excelentes plantas de larga floración, apropiadas para invernadero. Hay una especie, *F. procumbens*, que merece elegirse, porque es bastante resistente y, como tiene un hábito serpenteante, es excelente para cestillos colgantes. Las flores se sitúan mirando hacia arriba y son de color naranja pálido, con lóbulos moteados en púrpura y anteras azul pálido. Los frutos son bayas de color rojo purpúreo.

Las fuchsias son propensas a cierto número de plagas, como el gorgojo de la harina, el ácaro rojo y la mosca blanca.

Galanthus — ver BULBOSAS

Gardenia

El contraste entre las numerosas flores blancas, intensamente fragantes, y el contorno de las hojas de color verde brillante hace destacar a la gardenia entre las plantas de interior. No es fácil hacerlas florecer cada año, pero no son más difíciles que otras plantas floridas de interior, y la satisfacción es tan grande, si se tiene éxito, que merece la pena intentarlo, siempre que se puedan atender sus necesidades esenciales.

Durante todo el período de formación de yemas y de la floración las gardenias deben tener mucha luz (aunque las yemas se secarán temporalmente si se exponen a una temperatura elevada, sin la ventilación adecuada); le va bien una temperatura de unos 20-25° C (68-77° F) por el día, y no mucho menos de 15° C (59° F) durante la noche, y es muy importante un alto grado de humedad. Otra cosa importante: las gardenias necesitan un suelo fuertemente ácido, con un alto contenido de hierro, que será rápidamente utilizado por ellas; por esto, deben abonarse cada seis semanas durante el período de crecimiento con sequestreno (quelato de hierro) o una fórmula similar (1). Además, Elbert y Hyams sugieren añadir una dosis ocasional de sulfato amónico (una cucharilla colmada en 4,5 litros de agua). Además, deben suministrarse con frecuencia durante este período abonos orgánicos equilibrados.

Es esencial abonar de forma completa, pero las plantas más desarrolladas deben tener un período de descanso —unos seis meses— después de la floración, o tenderán a dar yemas cada vez más débiles, lo que originará una disminución de la capacidad de la planta para dar una buena cantidad de flores; en el caso de *Gardenia jasminoides* lo mejor es iniciar la eliminación de yemas inmediatamente después de que se haya alcanzado el máximo de floración y no permitir otro período de floración hasta pasados cinco o seis meses. Las plantas viejas, de unos siete años, florecerán durante casi todo el año.

Después de los dicho, lo mejor es estar seguro de que se compra una buena planta. La mejor época para comprarla es cuando ha formado yemas. Estas deben estar completas, y las hojas lucidas y sanas. Asegúrese de que puede proporcionarle a la planta condiciones iguales a las que ha tenido antes, de esta manera es fácil obtener éxito. Se aconseja cultivar las plantas más jóvenes, porque dan flores más grandes, aunque hemos comprobado que los buenos ejemplares continúan floreciendo muy bien durante varios años. (La *G. jasminoides* más espléndida que hemos visto fue una de unos 4,5 metros de alta, y de la misma anchura, injertada en un patrón de *Syringa* (2). Producía una suceción casi continua de flores grandes y magníficas.)

Los esquejes deben tomarse de vástagos jóvenes provistos de talón.

Las variedades de *G. jasminoides* que florecen en verano son las más aptas para prosperar; *G. globosa* también es atractiva, y a algunos les agradará una de las más exóticas, *G. thunbergia*, que florece a principios del verano. Tiene crecimiento rápido, pero no florece hasta pasados varios años. Los esquejes de *G. thunbergia* no son fáciles y la multiplicación por semillas es más segura.

G. jasminoides es propensa a algunas plagas y debe pulverizarse periódicamente con un insecticida sistémico; del mismo modo se tratará *G. thunbergia*, cuyos vástagos nuevos son propensos a los ataques por pulgones.

(1) Ballard, *Garden in your House*, Nueva York, edición revisada, 1971, página 150, dice que las gardenias tienen «una incapacidad constitucional para absorber el hierro del suelo cuando crecen a una temperatura inferior a 60° F» (15° C).

(2) En la colección *King's Exotic Flowers*, Nueva York.

Gasteria

Gasteria es un género de plantas crasas o semicrasas, íntimamente relacionado con *Aloe*. Se valoran por su follaje, generalmente simétrico; las pequeñas flores, dispuestas en largos pedúnculos, tienen un interés secundario. La mayoría de las especies son bastante pequeñas y caben en una habitación no muy grande.

Aunque las plantas medrarán mejor con buena luz y el colorido de las hojas se beneficiará de ello, son muy sufridas y resisten las condiciones adversas.

La lámina de *G. subverrucosa* muestra una inflorescencia obtenida por cruzamiento de otras especies de *Gasteria*. Cada color del tomento representa cada una de las plantas cruzadas (1).

(1) Estamos muy agradecidos al Dr. P. E. Brandham de Kew por permitirnos fotografiar su trabajo.

131

132

133

131. *Gardenia thunbergia*

132. *Gardenia jasminoides*

133. *Gasteria subverrucosa*

Gelsemium 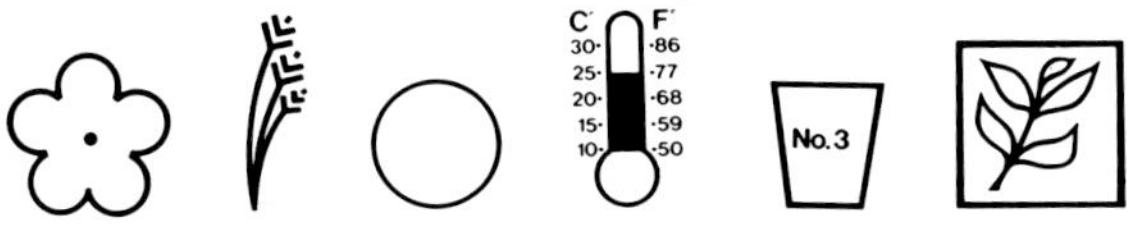

Un arbusto voluble, de clima cálido, que merece cultivarse. *Gelsemium sempervirens*, «gelsemio» o «falso jazmín», es la especie más conocida, con grandes flores tubulosas, amarillas, fragantes, de aspecto exótico; hay otra muy parecida, *G. rankinii*.

Las plantas deben preservarse de los ataques del gorgojo de la harina y el ácaro rojo.

Gerbera 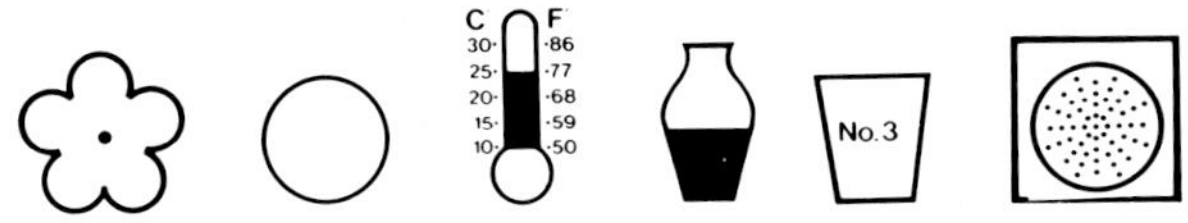

Gerbera jamesonii, la mejor despecie, se presenta frecuentemente en forma de bella flor cortada, en varios colores; con menos frecuencia como planta de maceta.

G. jamesonii puede cultivarse de semilla, pero no alcanza su óptimo hasta pasados tres años. No debe trasplantarse ni regarse demasiado. Esto último puede causar la pudrición de la base, que debe ser tratada inmediatamente con polvo de azufre o un producto similar.

También son muy propensas a los ataques por plagas, especialmente la mosca blanca y el minador de la hoja, este último es particularmente virulento. Sin embargo, no debe utilizarse un insecticida que contenga azobenceno o malathion para no dañar las plantas (1). Los mejores remedios son gamma-BHC, diazinon o parathion.

(1) *Dictionary of Gardening*, Supplement, pág. 326, de la Royal Horticultural Society.

Gesneria 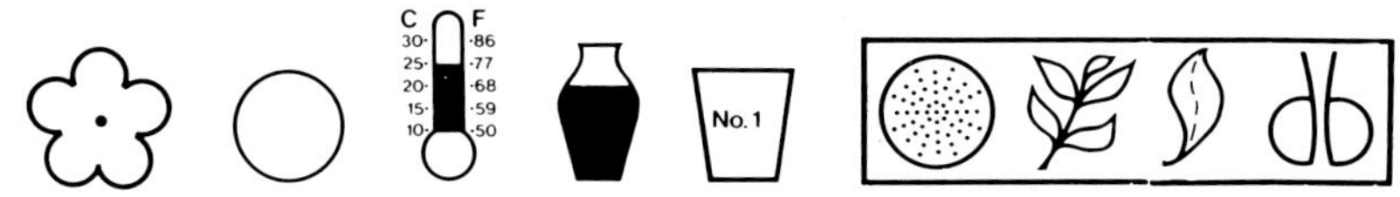

Ha habido alguna confusión en torno a este género, pues cierto número de especies de raíz tuberosa, que habían sido clasificadas como *Gesneria*, ahora ha sido transferido a *Rechsteineria*. Las especies que permanecen en el género tienen raíces fibrosas.

Gesneria albiflora, con flores tubulosas de color crema tirando a amarillo, y *G. citrina*, con flores amarillas, merecen cultivarse, porque florecen en invierno (la última lo hace durante todo el año). *G. albiflora* es una mata bastante grande, que alcanza 1,20 metros aproximadamente, pero *G. citrina* es más compacta. *G. cuneifolia*, con flores rojas, brillantes, también es atractiva, pero necesita un 85-90 por 100 de humedad y por ello no es apta para fines prácticos, excepto en un terrárium.

Gloriosa 

Pequeño género de plantas trepadoras, sorprendentemente bellas. *Gloriosa superba* y *G. rothschildiana* son, quizá, las mejores especies. Los pétalos de la primera son largos, ondulados y revueltos, de color naranja y rojo, o a veces amarillo puro; los de la última, rojo intenso tornando a amarillo en la base o también de color amarillo puro.

Los tubérculos, que deben ser lo más grande posible (unos 12 centímetros de largo) para garantizar la floración, deben plantarse en tiestos de unos 15 centímetros desde febrero a finales de marzo; la temperatura debe ser lo más próxima a 20° C (68° F), y desde luego no conviene que baje de 15° C (59°F).

Una vez iniciado el crecimiento, las plantas se beneficiarán del mucho riego y abonado. Después de la floración, cuando empiezan a decaer, debe continuar el riego durante algún tiempo para que los tubérculos se fortalezcan, y finalmente detenerlo. Los tiestos deben almacenarse en un lugar seco, a una temperatura no inferior a 10° C (50° F), hasta la temporada siguiente.

Gloxinia — ver SINNINGIA *speciosa*

134

135

136

137

138

134. *Gelsemium sempervirens*

135. *Gerbera jamesonii*

136. *Gesneria cardinalis* (1), con *Streptocarpus* (2)

137. *Gloriosa superba*

138. *Grevillea* × *semperflorens*

Grevillea

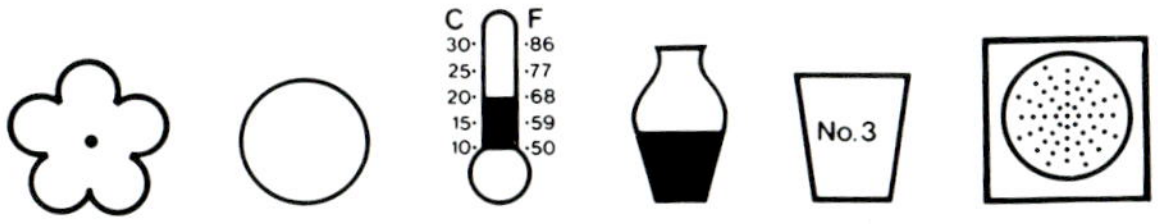

El género australiano *Grevillea* es muy conocido a través de la especie *G. robusta*, que es un árbol que alcanza unos 30 metros o más en su medio natural. Cuando joven, sus hojas divididas, plumosas, de un verde delicado, la hacen una planta de follaje muy atractivo, que contrasta con otras plantas de follaje más ancho y tendido.

«Raramente o nunca se han visto en Gran Bretaña» (1) las flores anarajado-amarillentas de *G. robusta*. Sin embargo, hay otras especies que son arbustos bastante compactos, aunque menores, que florecen y además pueden hacerlo en invierno. Las pequeñas flores tubulosas, con el estilo prominente, tienen un sencillo atractivo y son especialmente bien recibidas en la época del año en que apenas hay plantas en flor. *G. alpina*, cuyas flores son rojas con matiz crema, es una de las más satisfactorias, porque son arbustos compactos. *G.* × *semperflorens* es más grande, con flores amarillas con matiz blanco y con estilo prominente de color rosa, también es digna de cultivarse.

G. robusta es propensa a los ataques del ácaro rojo.

(1) *Dictionary of Gardening*, de la Royal Horticultural Society, Vol. II, página 932.

rosette osmunda

Guzmania

Junto con *Tillandsia* y *Vriesia*, que son más conocidas, *Guzmania* es una de las bromeliáceas floridas más llamativas.

Guzmania monostachya (Sinónimo G. Tricolor) es, quizá, la más espectacular, con su largo escapo erguido, con florecitas blancas situadas entre las brácteas amarillo-verdosas con rayas negras y con manchas de color rojo brillante; pero también son muy bonitas y obtenibles con facilidad *G. sanguinea* y *G. zahnii* (sinónimos *Caraguata sanguinea* y *C. zahnii)*, ambas con numerosas flores amarillas de corta vida, en roseta y en panícula, respectivamente. Las dos últimas especies tienen además un follaje de colores vivos.

Como en *Aechmea*, las rosetas floridas se marchitarán gradualmente, pero se produrirán renuevos, si bien pueden transcurrir varios meses entre la marchitez de las flores y la aparición de los renuevos; por ello es mejor ser paciente y no tirar la planta antes de tiempo.

Para las instrucciones generales, ver *Aechmea*.

Gynura

Aunque *Gynura aurantiaca* y *G. sarmentosa*, las especies más útiles, tienen florecitas de color naranja, estas plantas se valoran principalmente por su follaje. *G. aurantiaca* puede tener hojas verdes alisadas o en una de sus formas, pelos de color violeta, cubriendo sus hojas y tallos, principalmente en las plantas jóvenes. *G. sarmentosa*, conocida también como *G. scandens*, tiene las hojas de color azul-pizarra, matizadas de púrpura en la parte superior y de color púrpura en el envés. Los pelos de las hojas dan una irisación purpúrea cuando los rayos solares inciden sobre ellas.

Las dos especies son de crecimiento rápido y, si se desea una planta compacta, pueden repicarse; también debe hacerse esto para evitar que se desarrollen hojas pequeñas, lo que ocurriría con un crecimiento rápido.

Deben ser mantenidas más bien secas, en lugar fresco.

Haemanthus

Plantas que no son tan graciosas como algunas otras amarilidáceas, porque los escapos floridos de la mayoría de las especies son más bien cortos y gruesos, pero esto se compensa por sus umbelas floridas, espectacularmente grandes, con varios matices de rojo, anaranjado o blanco. Las grandes hojas aparecen después que las flores, muriendo posteriormente.

Haemanthus coccineus es tal vez la especie más satisfactoria, pero hay también a la venta otras atractivas especies, variedades e híbridos.

Es mejor plantar los bulbos en primavera, con sus cuellos exactamente a ras de la superficie del suelo, que deberá estar húmedo. El regado intenso solamente debe empezar cuando aparezcan los renuevos. Como con los hippeastrum y bulbosas similares, la aparición de los renuevos ocurre inmediatamente después de la floración, que condiciona el éxito de la temporada siguiente; los bulbos deben tener mucha luz y calor, para que su vigor se restablezca por completo, y después se dejarán descansar hasta que muestren de nuevo síntomas de crecimiento.

El haemanthus no parece alterarse por estar algo apretado en la maceta, y sólo necesita trasplantarse cada tres años.

139

140

141

139. *Guzmania zahnii*

140. *Gynura aurantiaca* (forma purpurea) Véase también *Asparagus*, lámina 22.

141. *Haemanthus katherinae*

Haworthia

Es un género de pequeñas plantas crasas, estrechamente relacionado con el género *Aloe*, con hojas dispuestas en forma de roseta o en espiral apretada.

Las pequeñas flores, sobre un tallo delgado, tienen escaso interés. Son plantas bastante fáciles de cultivar, y probablemente serán más decorativas agrupadas con otras crasas o cactus.

Cierto número de especies, como *Haworthia coarctata*, *H. fasciata* y *H. papillosa*, tienen en sus hojas unos curiosos nódulos blancos; lo mismo que la muy atractiva *H. reinwardtii*, de forma espiralada.

Durante el verano le conviene permanecer a la intemperie. Debe trasplantarse cada uno o dos años; en el otoño mueren las raíces viejas y acidifican el suelo.

Son muy propensas al gorgojo de la harina y por ello deben ser vigiladas cuidadosamente.

Hedera

Las hiedras se encuentran entre las plantas de interior menos exigentes y más fáciles de cultivar; de ahí su popularidad, porque no son muy atractivas. La mayoría pueden utilizarse como trepadoras o rastreras y pueden acompañar a un grupo de plantas, o mejor, puede dejarse que crezcan y que formen parte del diseño o estructura ornamental de una habitación. Por ejemplo: pueden sostenerse entre cañas de bambú o algún entramado para separar la cocina del comedor.

Hedera canariensis y *H. elix*, con sus numerosas variedades y «cultivars», de follaje de un solo color o variegado, son las especies más comunes.

Se mantienen con un mínimo de cuidados, pero no se deben trasplantar, y si se las quiere tener en su óptimo, debe lavarse su follaje con una esponja frecuentemente. Se benefician de una temporada a la intemperie durante el verano, aunque esto no es indispensable, ni es posible si están en espaldera sobre una soporte fijo.

Hedychium

Aunque este género pertenece a la versátil familia del jenjibre, zingiberáceas, tiene la apariencia de un lirio. Tienen un aroma delicioso las delicadas flores blancas, a veces teñidas de amarillo de *Hedychium coronarium*, o las blancas, matizadas por dentro de amarillo y naranja oscuro, del magnífico *H. chrysoleucum*, que es, quizá, una variedad de *H. coronarium*. Es uno de los géneros menos conocidos que con más interés recomendamos al aficionado.

Además, algunos hedychium son bastante resistentes, aunque los más exóticos, como los anteriormente citados, prosperan bajo condiciones tropicales, con mucha agua (mientras crecen deben permanecer sobre una capa de 5 a 7 centímetros de agua, a poder ser templada). También necesitan mucho abono.
La única desventaja es que tienden a hacerse algo grandes, de 1,50 a 2 metros; pueden podarse hasta unos 60 centímetros del suelo después de la floración. Las plantas deben trasplantarse a tiestos mayores, en su segundo año, y entonces se pueden fragmentar los rizomas. Una advertencia: los rizomas obtenidos son incapaces de madurar lo suficiente para producir plantas con flores en el primer año.

142

142. Varias *Haworthia:*
H. asperuscula (1)
H. altenata (2)
H. cuspidata (3)
H. cymbiflormis (4)
H. tesselata (5)
H. tortuosa (6)

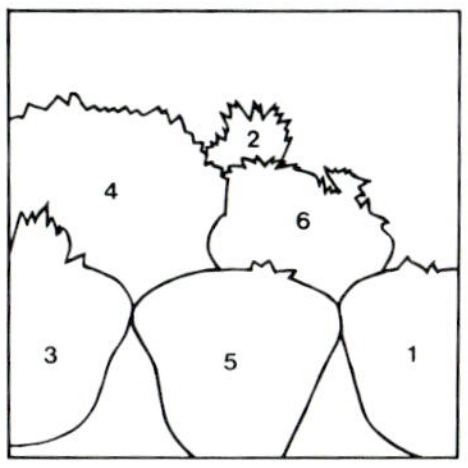

143. Varias *Hedera:*
H. helix «Glacier» (1)
H. helix «Chicago» *cristata* (2)
H. canariensis (3)
H. «Adam» (sport) (4)
H. «Eva» (5)
H. «Adam» (6)
H. helix marmorata (7)
H. helix «Golden Chicago» (8)

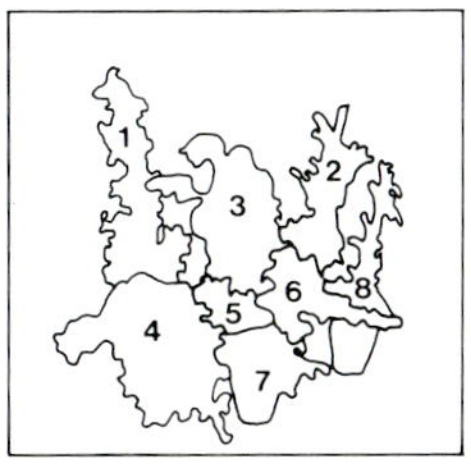

144. *Hedychium gardnerianum*

143

144

Helechos

La mayoría de los helechos tienen un airoso atractivo, que puede sobreestimarse, pero una vez apreciado, causa una fuerte impresión.

Hay muchas especies de helechos, unas 10.000 diferentes, que crecen desde los trópicos hasta el Círculo Polar Artico. Dentro de este área, como cabría esperar, hay helechos de las más variadas formas y hábitat. Muchos, aunque no todos, requieren humedad y sombra; algunos son epifíticos; otros medran a temperatura elevada; otros a baja temperatura; unos alcanzan, aproximadamente, 15 metros, y otros sólo unos centímetros; algunos, como la mayoría de los de América del Norte, son caducifolios; otros, como la mayoría de los del Japón, son perennifolios.

A las grandes diferencias de hábitat corresponden distintos tratamientos de cultivos. Los hay que soportan condiciones muy amplias y otros que son muy estrictos en sus necesidades. Aquí nos referimos a los intermedios, que son muy variados en su forma y en su carácter decorativo.

El género *Adiantum* ofrece considerables variedades, desde la delicada hoja en forma de encaje de *Adiantum capillus-veneris*, «el cabello de Venus», y especies similares, hasta el más sencillo, de aspecto más exuberante, *A. macrophyllum* (1). Una desventaja de este género es que no todas las especies son perennes. *A cuneatum* es muy parecida a *A. capillus-veneris* y más fácil de cultivar; *A. tinctum* también tiene hojas muy delicadas, que cuando son jóvenes tienen un lindo color rosa. *A. macrophyllum* tiene hojas mayores, de hasta 35 centímetros de alto, y los tallos erectos, fuertes, llevan pares de hojuelas verdes, ovaladas o aflechadas (franjeadas y moteadas de blanco en la variedad *albo-striata)*; *A. peruvianum* (1) es una especie más grande. Hay también *A. pulverulentum* (1), con hojas parecidas a las de acacia plumosa; *A. caudatum* y *A. gracillimum*, las dos son péndulas y apropiadas para cestillos colgantes.

Asplenium, «culantrillo bastardo», también es un género atractivo y ampliamente extendido, con la ventaja de ser perenne y relativamente fácil de cultivar. *Asplenium attenuatum* tiene hojas onduladas, delgadas, hasta de unos 30 centímetros de largo, que se estrechan hasta un punto en que forman curiosas crestas formadas por plántulas parecidas a las flores de *Coelogyne cristata*. *A. bulbiferum* es un bonito helecho péndulo, con hojas de color verde brillante de unos 60 centímetros de largo; ésta puede también originar plántulas en la superficie de sus hojas. *A. nidus* el «helecho nido de pájaro», así llamado porque las altas hojas indivisas (entre 60 centímetros y 1,20 metros) convergen en su base en una roseta apretada, parecida a un nido. Tiene hojas rígidas, pero elegantes, de color verde claro brillante, con un nervio prominente oscuro. Hay una variedad con hojas rugosas.

Algunas especies de *Blechnum* destacan por proporcionarse su propio soporte; un tronco corto, leñoso y a menudo muy grueso. *Blechnum brasiliense* (1) y *B. gibbum* son hermosos y más bien grandes; el tronco del primero mide unos 50 centímetros de altura, y el del segundo, entre 60 y 90 centímetros, con hojas divididas, oblongas, que alcanzan hasta 90 centímetros de largo. *B. lanceolatum* es semejante, pero mucho más pequeña, con hojas entre 15 y 30 centímetros de largo.

Otros helechos apropiados para macetas o jarrones son las especies del género *Cyrtonium*, con grandes hojas arqueadas con pecíolo rígido. Estas hojas están sencillamente divididas en pares de foliolas correosas, brillantes y perennes. (*Cyrtonium falcatum* tolera bien las corrientes de aire y los humos); *Polypodium* tiene también hojas sencillamente divididas, generalmente perennes; las de *Polypodium glaucophyllum* son glaucas verde-azuladas; *Pteris* es un género variable en tamaño, color y forma, en el que numerosas especies y variedades son abigarradas, con manchas cremosas o blanco-plateadas. *Pteris cretica* es tal vez la especie más conocida. También debe mencionarse su variedad *sempervirens*, aserrada de forma curiosa.

Muchas *Davallia*, con sus lindas hojas finamente divididas, miden entre 10 centímetros y 1,20 metros de largo, según las especies, y son muy adecuadas para tiestos o cestillos colgantes (*D. canariensis* es una especie particularmente apropiada para interiores). Lo mismo ocurre con *Nephrolepsis*, «helechos espada». *Nephrolepsis exaltata* tiene hojas firmes, plumosas, de unos 90 centímetros de largo, pero hay variedades menores y más compactas, como *maasii*, *wredei compacta* y *bostoniensis*. *Polypodium subauriculatum*, aunque grande, es otro helecho apropiado para cestillos.

Entre los mejores helechos trepadores de invernadero (que necesitan alta temperatura y humedad) se encuentran los *Lygodium*, que trepan rodeando sus tallos el soporte. Las frondes divididas, a menudo ramificadas, continúan creciendo durante toda la vida del helecho, por esto, en su hábitat natural, puede alcanzar 30 metros. Las mejores especies, de más adecuadas proporciones, son *Lygodium scandens* var. *microphyllum* y *L. circinatum* (1), cuyas hojas son algo parecidas en la forma a las de *Passiflora caerulea*.

El género *Platycerium*, como el anterior, difiere en su forma de la idea convencional de un helecho, y por eso lo hemos dejado para el final. Son plantas exóticas y a algunos les pueden parecer siniestras. Un gran ejemplar, que se cultive en un cestillo colgante, puede ser de gran efecto. También un ejemplar más pequeño puede contribuir al aspecto decorativo de un grupo de otras plantas, alrededor de un estanque.

Sus frondes varían en su color, desde el verde brillante al verde gris azulado opaco. El tamaño es un asunto de elección personal, pues aunque las frondes pueden alcanzar 1,5 metros de longitud (o 5 metros en su hábitat natural), se pueden adquirir plantas pequeñas, que crecen lentamente. Cada planta tiene dos tipos de hojas: las grandes frondes coriáceas, triangulares, irregularmente bifurcadas, similares a las astas de un ciervo, y las más pequeñas, en forma de platillo, que están en la base. Las últimas son estériles, pero su forma convexa cubre y protege de la desecación el haz de raíces, y permite al humus y a la humedad almacenarse entre las raíces y la corteza del árbol u otra superficie donde viven estos helechos epifíticos.

Los *Platycerium* pueden cultivarse en interiores, en macetas; pero, en nuestra opinión, están infinitamente más lucidos cuando se cultivan sobre musgo de sphagnum en un cestillo colgante, o sujetos a un pedazo de madera.

(1) Estas especies prefieren condiciones tropicales; alto grado de humedad y una temperatura mínima de 15° (50° F).

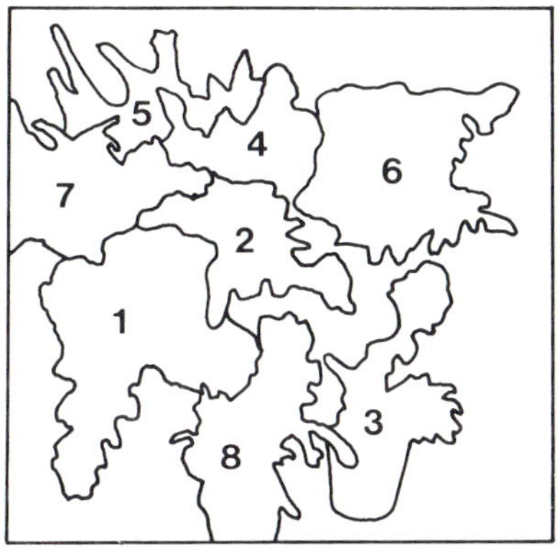

145. (Helechos) *Platycerium bifurcatum*

146. Varios Helechos:
Adiantum pubescens (sin. *A. hispidulum*) (1)
A. scutum roseum (2)
Asplenium bulbiferum (3)
A. nidus (4)
Nephrolepsis exaltata (5)
Polypodium glaucum (6)
Pteris umbrosa (7)
P. poweri (8)

145

146

No es difícil cultivarlos. *Platycerium bifurcatum* y su forma *alcicorne*, algo más erguida y finamente dividida, son tan ásperas como la piel de elefante. Pueden mantenerse sin gran atención. Sin embargo, para que prosperen, las raíces deben mantenerse húmedas y a la planta le conviene periódicamente una mojadura completa. También es conveniente un abonado de vez en cuando. Otras especies, como *P. grande* y *P. hillii*, requieren condiciones de los trópicos.

Como en el cultivo de los helechos en general, las necesidades individuales de las distintas especies y variedades antes mencionadas varían tan enormemente, no podemos dar más que una información general. Quienes compren nuevas especies deben solicitar la máxima información de su proveedor o consultar una monografía sobre el tema.

Los helechos aquí mencionados varían desde los que toleran perfectamente las condiciones de una habitación, como algunos asplenium y blechnum, a otros que deben tener un alto grado de humedad y estar protegidos muy cuidadosamente de las corrientes de aire, humos, etc. A algunos no les molesta el sol, pero es mejor mantenerlos fuera de sus rayos directos, porque los que son sensibles pueden dañarse o morir. También se debe tener mucho cuidado con el rociado y el riego por encima, pues el follaje de algunos puede sufrir con la humedad permanente. En general, como podría esperarse, cuanto más delicado y fino es el follaje, menos tolerante es la especie.

La mayoría de los helechos citados deben plantarse con mantillo de hoja más carbón vegetal, y algunos, en turba y arena fina, también con carbón vegetal.

No les sienta bien estar plantados en tiestos con tierra apelmazada.

La multiplicación puede hacerse por siembra de esporas, por división de rizomas, por estaquillado de estolones o por separación y plantado de las plántulas cuando se producen.

Heliotropium

Heliotropium corymbosum y *H. peruvianum* son muy fáciles de cultivar como plantas de interior y vale la pena hacerlo por su agradable aroma.

Son plantas acomodaticias en su desarrollo y pueden repicarse para formar matas compactas, o tratarse como plantas standard. Además puede hacérselas florecer en el invierno, aunque precisarán mucha luz para ello. Durante su período inactivo deben mantenerse en un lugar seco.

Si se toman esquejes, debe hacerse en primavera o a mediados de verano, de renuevos jóvenes y vigorosos. Las plantas jóvenes se comportan mejor que las viejas, y, por tanto, si es posible, debe mantenerse un surtido permanente. Pueden aparecer ácaros tarsonémidos, que se aprecian por unas cicatrices pardas sobre las hojas jóvenes. Las plantas deben tratarse con dicofol, endrin o endosulfan, que son eficaces contra ellos.

Helxine *soleirolii* — ver SOLEIROLIA *soleirolii*

Hibiscus

Los hibiscus son unas de las más deliciosas plantas de interior, que se valoran como especies de grandes flores; cuando éstas son sencillas, con estambres espectaculares, tienen un sabor tropical encantador. Cada flor puede durar un solo día, pero una planta sana dará flores en abundancia durante una larga temporada; de hecho, puede florecer durante todo el año, si tiene suficiente luz y calor.

Además, los hibiscus no son difíciles, siempre que se sigan las normas básicas a aplicar a todos los arbustos y árboles de flor, de los trópicos húmedos. Los hibiscus florecen a una temperatura de 15°-25° C (59-77° F), pero toleran una temperatura inferior a 10° C (50° F), siempre que tengan mucho sol, riego y rociado en abundancia, pero con buen drenaje.

En premio se obtendrá una serie constante de exquisitas flores. Cuando la temperatura es baja, debe disminuirse el riego, porque si no se dañarán las raíces, y las hojas amarillearán y caerán. Si esto ocurre, debe ponerse remedio inmediatamente y pronto se formarán otros renuevos. Si se extienden mucho, las plantas pueden podarse y esto favorecerá una floración más abundante.

Puesto que los cultivadores, por razones económicas, tienden a poner las plantas en tiestos pequeños, creemos prudente trasplantarlas inmediatamente después de que hayan sido compradas. Esto se hace muy fácilmente, pero la planta no se recuperará del todo aunque haya brotado totalmente. Algunos cultivadores han adoptado recientemente la irritante práctica de ofrecer dos plantitas en un mismo tiesto, para dar una sensación de más abundancia. En éste caso, como antes, deben trasplantarse, pero cada plantita no se plantará por separado hasta después de la primera floración.

La única desventaja de ésta deliciosa planta es su propensión a los ataques de la mosca verde en las yemas. El único remedio es el rociado frecuente con un aerosol o un líquido insecticida.

Gracias a la iniciativa de algunos cultivadores disponemos actualmente de cierto número de especies y variedades de hibiscus, generalmente con flores de color rosa, naranja o amarillo. La mayoría de las ofrecidas son variedades de *Hibiscus rosa-sinensis;* una de ellas, *cooperi*, tiene llamativas hojas verdes, manchadas de color crema o carmesí. Desgraciadamente, *H. schizopetalus* no se encuentra con facilidad, es un exquisito hibiscus péndulo, con delicadas flores sinuadas de color rojo. Es una planta ideal para cestillos colgantes.

147

147. *Heliotropium peruvianum*

148. *Hibiscus* «Lee Orange»

148

Hippeastrum

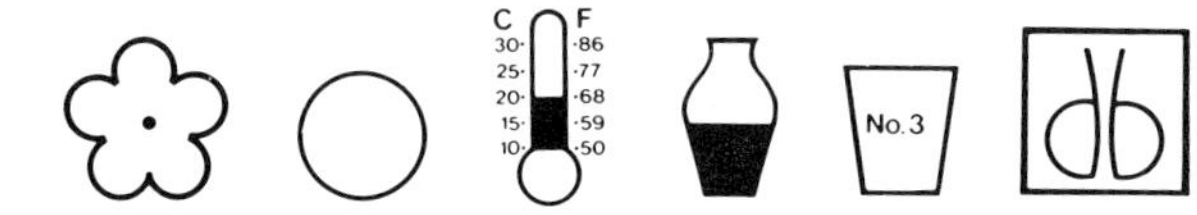

Excelentes bulbosas para macetas, que pertenecen a las amarylidáceas. Los bulbos producen umbelas de tres a seis espléndidas flores grandes, generalmente sobre largos escapos adventicios. Algunas especies tienen flores de forma graciosa, como *Hippeastrum aulicum* (de color carmesí), *H. blumenavia* (blancas, con manchas color carmesí malva) o *H. pratense* (de color escarlata brillante, amarillas en la base). Algunos cultivadores han estado muy diligentes en la creación de híbridos, pero, desgraciadamente, los más ofrecidos muestran un mayor tamaño a expensas de su forma, lo que determina que sean excesivamente floridas, aunque en compensación se han conseguido algunas combinaciones de colores finos y delicados.

Las hojas aparecen después que las flores, lo que es una pena, porque la planta sin hojas presenta una desnudez poco elegante.

Es preferible comprar bulbos que conserven sus raíces, aunque éstas se hayan secado. Algunos aconsejan colocar el bulbo recién comprado en una jarra o vaso con agua, con las raíces dentro del agua durante veinticuatro a cuarenta y ocho horas, antes de plantarlo, y de ésta manera parece que arraiga mejor. Los bulbos deben examinarse cuidadosamente, por si hay signos de cocos de la harina, y deben quitarse las raíces muertas y cualquier parte seca (en el último caso, las heridas deben limpiarse con polvo de azufre). Deben plantarse en tiestos de un tamaño que deje unos 3 centímetros entre el bulbo y el borde de la maceta, ésta debe estar bien drenada. La tierra debe removerse cuidadosamente en la maceta para que no quede muy compacta, evitando así dañar a las raíces. Los bulbos deben estar cubiertos por la tierra solamente hasta la mitad o la tercera parte de su tamaño. Se regarán bien, pero después se mantendrán casi secos hasta que comience a crecer el vástago. Es esencial no dejar que el agua se acumule en la corona del bulbo o éste se pudrirá.

Los hippeastrum pueden plantarse en cualquier época del año. Estarán mejor a una temperatura de 15° C (59° F), como mínimo. No les daña el calor seco, como el procedente de la calefacción central. Si se plantan en cama caliente, a unos 20° C (68° F), los resultados serán más rápidos, pero no es preciso. Después de la floración necesitan mucha luz y mucha agua, así como un buen abonado para que los bulbos se repongan, pues han quedado agotados por el proceso de floración.

Entre agosto y septiembre se inicia el período de inactividad y se pueden dejar secar a la intemperie (entonces perderán sus hojas).

Los bulbos pueden permanecer hasta dos años en el mismo tiesto; cuando llega el período de trasplante (de diciembre en adelante), los renuevos deben separarse del bulbo principal, y si se desean más plantas, deben plantarse por separado en tiestos menores (de unos 10 centímetros). Florecerán al cabo de dos o tres años.

Los hippeastrum son propensos a marchitarse por aparición de manchas en las hojas (de color amarillo pálido o blanquecinas), por ataques de insectos y por el ácaro rojo. Si están mal drenadas o tienen exceso de agua, se pueden pudrir en su zona basal.

Hoffmannia

La especie más frecuentemente disponible es *Hoffmannia ghiesbreghtii*, tiene flores pequeñas, amarillas, poco aparentes, y se valora principalmente por su curioso follaje. Sus grandes hojas rugosas son de color verde intenso, aterciopeladas en el haz y purpúreas en el envés.

Se debe tener cuidado en que no se acumule polvo entre la rugosidad de las hojas y, por tanto, deben limpiarse periódicamente por ambas caras y rociarse con fuerza, si es posible con agua de lluvia.

Hay otras especies con flores muy atractivas.

Homocladium *platycladum* — ver MUEHLENBECKIA *platyclados*

149

149. *Hippeastrum × johnsoni*

150. *Hoffmannia ghiebreghtii*

150

Hoya

Pertenece a la misma familia, las Asclepiadáceas, que *Stephanotis*, que es más espectacular. *Hoya carnosa*, la especie más popular, es una planta bastante atractiva; sus hojas tienen una cubierta cérea, son más aguzadas y no se marchitan en invierno, como les ocurre a las de stephanotis. Las plantas se aprecian mejor vistas a través de los cristales de un invernadero, de esta forma se disfruta de la visión de las umbelas apretadas, péndulas, con florecitas blanco rosadas. No se deben cortar nunca los tallos floridos, porque éstos continuarán produciendo flores anualmente, pero el vástago principal puede cortarse para que se produzcan tallos laterales, que florecerán después.

Hoya bella es una especie más delicada, en forma de mata enana, muy apropiada para cestillos colgantes. Irá mejor con la mezcla de suelo del núm. 1. Sus flores blancas tienen el centro de color púrpura, a veces penden y tienen una gota de brillante néctar en su centro.

Las hoyas son propensas al gorgojo de la harina; sin embargo, son vigorosas.

La multiplicación puede hacerse por acodo o por esquejes de renuevos del año anterior, cortados en primavera.

Humea

Humea elegans es una bonita planta espigada, con numerosas flores menudas, en colores rojo o rosa, que cuelgan de sus ramas arborescentes. Cuando se frotan las hojas, exhalan un particular aroma. La planta es bienal. Debe cultivarse por semilla, sembrada bajo cubierta de vidrio, desde abril a julio, para que florezcan unos quince meses después. Las plantas se tirarán después de la floración.

Hyacinthus — ver BULBOSAS

Hydrangea

Muchas de las variedades de *Hydrangea macrophylla* son resistentes y pueden cultivarse a la intemperie, siempre que se resguarden del frío intenso. Por otra parte, son populares y fáciles de cultivar en maceta.

Necesitan la mayor cantidad posible de luz, pero no excesivo calor. Mientras crecen, deben disponer de agua en abundancia y responden bien al abonado. Nunca deben permanecer a la intemperie si no se riegan. Los cultivadores las ofrecen con flores de variados matices de rosa, azul o blanco.

Generalmente, se venden las plantas en maceta cuando se inicia la floración. Después que ésta ha terminado, lo mejor es cortar las partes leñosas viejas y dejar desarrollarse nuevos retoños desde la base de la planta. Solamente se dejarán los tres o cuatro retoños mejores, los demás se cortarán.

Se benefician permaneciendo a la intemperie durante el verano, pero deben llevarse al interior antes de que aparezca el peligro de las heladas. Pierden sus hojas en invierno, y durante este período deben permanecer en una atmósfera fresca y solamente con la humedad precisa. Tan pronto como se inicien las yemas foliares (o antes si se desea forzar la planta) se le debe proporcionar una temperatura más alta, unos 15° C (59° F) y aumentar el riego. Entonces es aconsejable trasplantarla a una maceta más grande, teniendo cuidado de no dañar las fibras y las raíces.

Para mantener el color de las plantas de flor azul, o para cambiar a azul las de color rosa, se debe añadir sulfato alumínico a la tierra cuando se trasplanten y una segunda vez al final de la floración. La proporción de la mezcla debe ser de unos 23 gramos de cristales arenáceos de sulfato alumínico para la tierra de un tiesto de 15 centímetros, y de unos 45 gramos para la de un tiesto de 18 centímetros; también puede usarse un colorante del mercado. Si se desea el proceso inverso, la tierra debe mantenerse menos ácida. Las hydrangeas de flor blanca no pueden cambiarse a otro color (excepto por un proceso igual al empleado por los jardineros en «Alicia en el País de las Maravillas»).

Si tienen una ventilación inadecuada, pueden padecer el mildiu, que puede evitarse con una buena ventilación y escasa humedad, y si es necesario, utilizar el «caldo bordelés» o un preparado similar. Pueden padecer carencia de hierro, que se muestra por el amarilleo de sus hojas. En este caso debe abonarse con sequestreno (quelato de hierro). También son suceptibles al gorgojo verde, que puede destruirse con fenitrothion.

151

151. *Hoya carnosa*

152. *Humea elegans*

153. *Hydrangea* «Blue Wave»

152

153

Hymenocallis

Una de las más bellas amarylidáceas, estrechamente relacionada con el género *Ismene*. La perennifolia *Hymenocallis speciosa* tiene fragantes flores blancas, en forma de copa, rodeada de delgados pétalos externos, radiales. También hay otras especies bonitas, todas con flores blancas, excepto dos, *H. amancaes* y *H.* × *spofforthiae*, que las tienen amarillas y son caducas.

Necesitan distintos grados de temperatura: *H. speciosa*, por ejemplo, necesita calor durante todo el año, mientras que otras especies pueden desarrollarse a la intemperie.

Los bulbos deben plantarse con sus cuellos sobre la superficie del suelo, y deben disponer de amplio espacio en el tiesto, para que se desarrollen las raíces. Las especies perennes necesitan permanecer húmedas durante todo el año, pero las caducas deben dejarse en seco a la intemperie durante el invierno.

Hypocyrta

Hypocyrta glabra es la especie de este género que más se vende como planta de interior. Sus hojas pequeñas, brillantes, de color verde oscuro, y sus diminutas flores anaranjadas no la hacen atractiva, pero no es planta exigente y puede ser útil como planta colgante o semicolgante.

La poda debe hacerse antes de que comience el nuevo brote, porque entonces es cuando se forman las yemas florales.

Hypoestes

Hypoestes sanguinolenta es una planta perennifolia, apreciada tanto por su follaje (hojas pelosas, verde oscuras, manchadas de rosa, como si la pintura hubiese sido esparcida sobre ellas) como por sus flores de color púrpura pálido y blancas.

Tienen tendencia a hacerse frondosas, pero pueden podarse fuertemente. Es mejor mantener un suministro constante de nuevas plantas, preparando esquejes de vástagos, que enraízan fácil y rápidamente.

H. taeniata es otra especie cuyo cultivo merece la pena, por sus curiosas flores tubulosas, delicadamente onduladas, con cálices rojos. Los hypoestes son propensos a los ataques por pulgones.

Impatiens

Generalmente, nos predispone contra los *Impatiens wallerana*, *petersiana* o *sultani*, cuando están mal cuidados, su aspecto, con los tallos deformes y sus hojas inferiores caídas. Tampoco gustan sus hojas «insulsas» y el horrible color fuchsia de las flores de las especies más corrientes.

Sin embargo, actualmente se han desarrollado numerosos híbridos y variedades que presentan una amplia gama de flores de colores más o menos bellos, con matices rojos y amarillos más ricos que los naturales, y también con un follaje más oscuro y menos «insulso». Esto, unido al hecho de que florecen en abundancia durante casi todo el invierno, debe salvar cualquier prejuicio contra los impatiens. La especie enana *I. jerdoniae* es útil como planta colgante; también se han obtenido formas enanas de *I. wallerana*.

Las hojas inferiores amarillearán y se caerán antes si la planta está expuesta a corrientes de aire o en un ambiente demasiado seco. Si esto ocurre, las plantas deben podarse, para que puedan rebrotar en un estado relativamente menos activo. Los esquejes pueden cortarse en cualquier época, para reemplazar los ejemplares deformes. Enraízan fácilmente y el único peligro es que se pudran, si tienen demasiada humedad.

Los impatiens son atacados con frecuencia por la mosca verde, la blanca y el ácaro rojo. No debe usarse malathion, pues puede dañarlos.

154. *Hymenocallis caribaea*

155. *Hypocyrta glabra*

156. *Hypoestes phyllostachoca*

157. *Impatiens petersiana*

154

155

156

157

Ipomoea 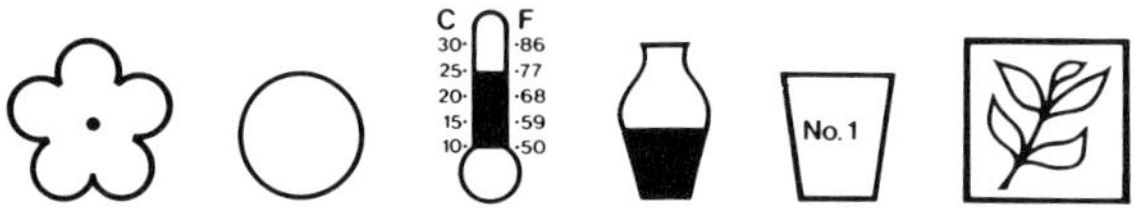

Género de plantas volubles, de las que la más conocida es *Ipomoea tricolor* (sinónimo: *Pharbitis tricolor)*, «maravilla» o «don Diego de día». Es una planta anual, que se desarrolla mejor a la intemperie.

Ipomoea learii (sinónimo: *Pharbitis learii)*, la «Aurora de Méjico», es una liana perennifolia, con hermosas hojas y un grupo de flores de color azul brillante, parecidas a las de «don Diego de día». Es algo rampante, pero merece la pena cultivarse si se tiene espacio suficiente. Puede podarse desde la parte inferior a voluntad, en cualquier época.

Ipomoea learii tiene fuertes raíces, y por ello debe estar en una maceta amplia, por lo menos de 20 centímetros.

Iris — ver BULBOSAS

Isoloma — ver KOHLERIA

Ixia 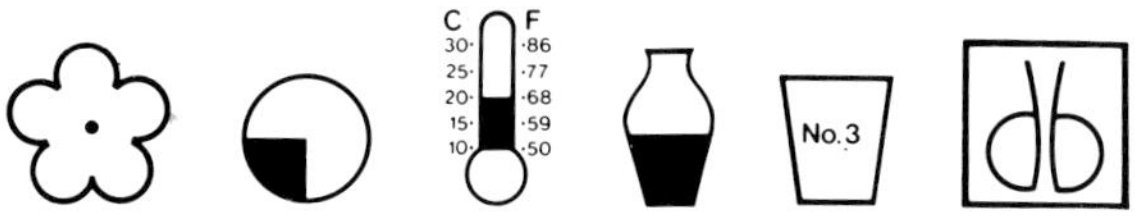

Género que pertenece a la familia de los lirios, *Ixia* comprende varias especies y variedades deliciosas. Las flores, en forma de estrella, tienen una amplia gama de colores, generalmente con su centro más oscuro; *Ixia viridiflora* es notable porque tiene flores de color verde azulado, con manchas casi negras en forma de ojos.

Los bulbos deben plantarse varios en un mismo tiesto, en octubre, y mantenerlos en un lugar fresco hasta la primavera, y entonces deben trasladarse a un lugar más templado, iluminado y aireado. Cuando aparezcan las espigas florales debe incrementarse el riego.
El riego debe continuar hasta la caída de las hojas; entonces las macetas deben trasladarse al exterior, pero en seco, y ponerlas al sol, para que los bulbos puedan sazonar. Estarán sin regar hasta octubre, cuando el proceso debe repetirse (ver *Freesia)*.

Ixora 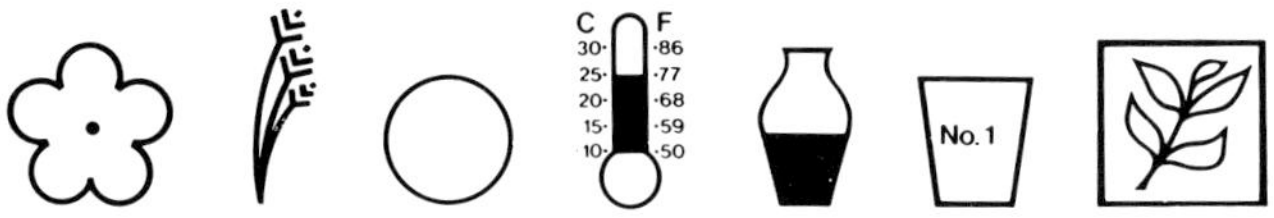

Es un extenso género de árboles o arbustos perennifolios. Los racimos o corimbos de flores dan la sensación de que tienen un aroma delicioso, pero desgraciadamente muchas especies no son aromáticas, aunque *Ixora acuminata*, *I. finlaysoniana*, *I. laxiflora* e *I. odorata*, son fragantes. Por tanto, éstas son las especies que recomendamos en particular, aunque también las especies sin aroma tienen un sereno atractivo; además, tienen una larga temporada de floración. Según las especies, las flores pueden ser blancas, amarillas, anaranjadas, rosas o rojas.

Las ramas pueden podarse cerca de un nudo, después de la floración, para que queden más compactas y den una mayor cosecha de flores al año siguiente.

Las ixora necesitan para florecer un máximo de iluminación y una temperatura elevada, con alto grado de humedad.

158

159

160

158. *Ipomoea learii*

159. Varias *Ixias*

160. Varias *Ixoras:*
I. coccinea «Henry North» (izquierda)
I. chinensis (derecha)

Jacaranda

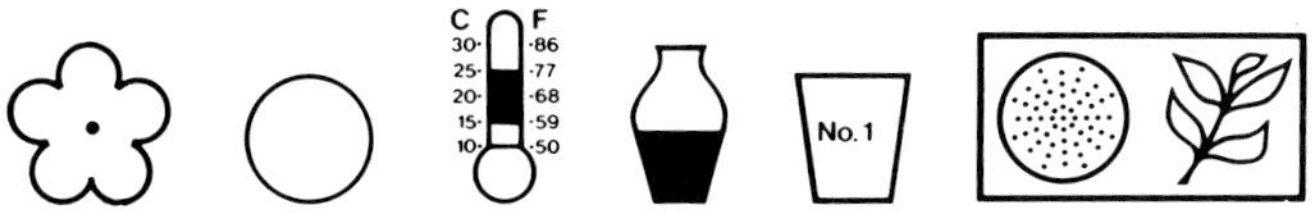

Uno de los más bonitos géneros de plantas arborescentes, tropicales y subtropicales, por su elegante follaje, parecido al de las acacias, y por sus atractivas panículas de flores de color malva o azul. Este género procede del Brasil, pero sus especies prosperan magníficamente en Portugal, Sicilia, Africa del Sur y otros países de clima similar (en el levante y sur de España, también; N. del T.), lo mismo que en los trópicos lluviosos.

Las jacarandas tienen un crecimiento rápido, por eso algunas crecen demasiado para interiores. *Jacaranda mimosifolia* (nombre correcto de *J. ovalifolia)* puede, sin embargo, cuando está cultivada, alcanzar sólo unos 3 metros, y tolera una poda bastante rigurosa al final del invierno. Es conveniente desmochar el ápice de las plantas jóvenes cuando hayan alcanzado unos 60 centímetros de altura. Con una poda adecuada, puede conseguirse la forma de una graciosa sombrilla (las hojas inferiores, inevitablemente, se marchitarán de forma gradual).

Deben regarse mucho durante la época de calor. Son delicadas en su primer año, pero pronto toleran una temperatura por debajo de 10° C (50° F).

Los esquejes de renuevos semimaduros enraízan en la primavera o el verano. También se cultivan de semilla, que quizá es la manera más fácil de conseguirlas. Germinan con rapidez.

Jacobinia

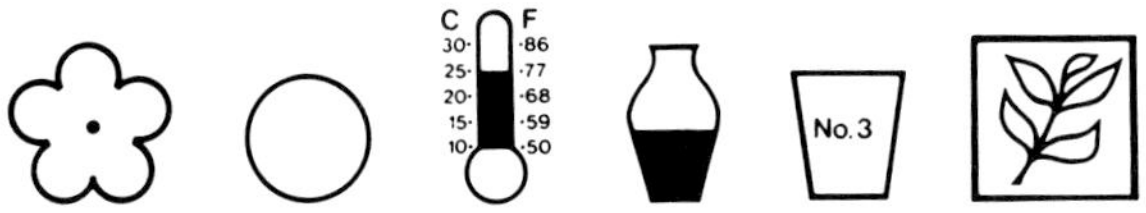

Las jacobinias, que florecen al final del verano, pueden rendirse a la dura competencia con otras plantas de esta época, pero algunas, como *Jacobinia ghiesbreghtiana*, *J. pauciflora* y *J. × penrhosiensis*, el híbrido de mayor floración entre éstas especies, son bien venidas en invierno por sus flores (de color carmesí a naranja brillante).

Las plantas tienden a dispersarse, pero los primeros brotes foliares pueden despuntarse para producir una planta mejor formada. En cualquier caso casi todas las especies deben podarse bien desde abajo, después de la floración. Es una excepción *J. pauciflora*, que debe dejarse sin podar a menos que se deforme. *J. ghiesbreghtiana* florecerá mucho mejor si se la deja a la intemperie, al sol en pleno verano.

Las jacobinias son muy propensas al ácaro rojo.

Jasminum

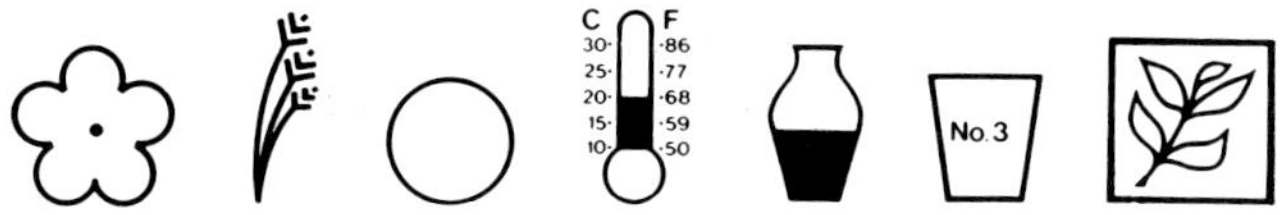

Los jazmines son, quizá, las plantas más envidiables para interiores. Puede que haya pocas plantas más exquisitas que un buen *Jasminum officinale* en capullo y flor; el hermoso follaje, los capullos teñidos de rosa y las sencillas flores de color blanco puro son insuperables y además el aroma es embriagador.

Además de *J. officinale*, el «jazmín común», existen *J. gracillimum* y *J. sambac*, que florecen en invierno —*sambac* lo hace casi continuamente— y son muy fragantes. Quizá la más bella de todas es la variedad *multipetalum* de *J. polyanthum*, con abundantes flores densamente apretadas, de color blanco, teñidas de rosa intenso y muy fragantes, que pueden aparecer durante varios meses a lo largo del invierno.

Es lástima que el jazmín no se preste con facilidad al cultivo en interiores. Por ello, las hermosas plantas que con frecuencia se ven en los floristas sólo pueden deleitarnos algunas semanas (lo que vale la pena), pero después, a menos que se tenga un invernadero, es probable que se acabe el placer; porque deben tener, para florecer de nuevo, abundante iluminación, alto grado de humedad y permanecer a la intemperie durante el verano. Si no tienen estas condiciones, rápidamente se dispersarán, muchas hojas y tallos se pondrán pardos y caerán, y es improbable que florezcan otra vez.

Naturalmente, lo mejor es darles, lo más exactamente posible, las condiciones convenientes. Después de la floración se iniciará un nuevo brote, que debe ser cortado; en junio las plantas deben trasplantarse a una mezcla de suelo del núm. 3 y, si es posible, añadir algo de estiércol bien pasado. Los jazmines tienen un sistema radicular muy fuerte y es probable que las plantas compradas a un florista estén muy apretadas en el tiesto. También deben trasplantarse. Deben mantenerse en una situación lo más soleada posible, a poder ser a la intemperie. Se puede permitir un pequeño desarrollo, pero sin excederse. Durante este período deben estar bien regadas, y desde finales de agosto abonar con regularidad con un fertilizante general.

En septiembre, si hay suerte, comenzarán a mostrarse las yemas en las axilas de las hojas. El peligro está en que las yemas asomen y florezcan a la intemperie, en pleno verano, malográndose. Las plantas pueden permanecer en el exterior hasta fin de mes, entonces se deben llevar dentro, a un lugar muy iluminado, con una temperatura de unos 20° C (68° F), y en enero o febrero aparecerá una buena cosecha de flores. Debe evitarse una temperatura superior a 20° C (68° F) sin un correlativo aumento de la humedad, o se secarán y arrugarán las yemas y las hojas.

Aunque puede multiplicarse por esquejes, el acodo es el método más sencillo.

161. *Jacaranda mimosifolia* (flores)

162. *Jacaranda mimosifolia* (follaje) con *Begonia coccinea*

163. *Jacobinia coccinea*

164. *Jasminum polyanthum*

161

162

163

164

Jatropha

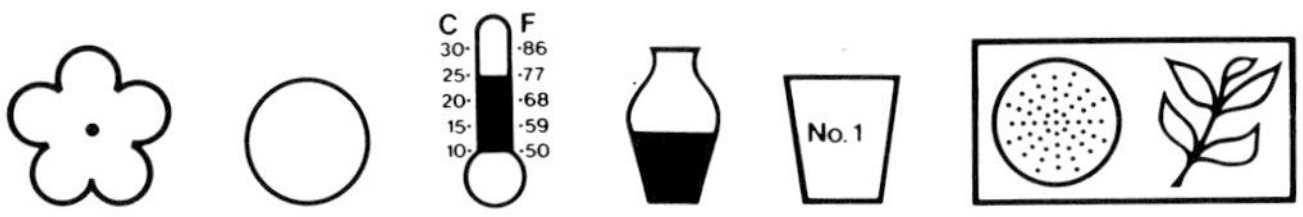

Es un género que se cree tiene propiedades medicinales. *Jatropha podagrica*, el «Ruibarbo de Guatemala», es una curiosidad como planta de invernadero, donde produce, desde una base engrosada, un tallo largo y solitario con cimas de flores brillantes de color rojo anaranjado antes de que aparezcan las hojas; esto ocurre hacia el final del invierno. *J. gossipifolia* tiene un aspecto más corriente y presenta panículas de flores de color púrpura rojizo. Se dice que es un remedio para la lepra. *J. multifida* tiene delicadas hojas palmeadas y flores de color escarlata. *J. pandurifolia*, a pesar de ser más grande, tiene la ventaja de producir cimas de flores escarlata durante todo el año.

Las semillas germinan fácilmente en cama caliente; los esquejes de renuevos firmes y jóvenes deben desecarse antes de plantarlos.

Kalanchoe

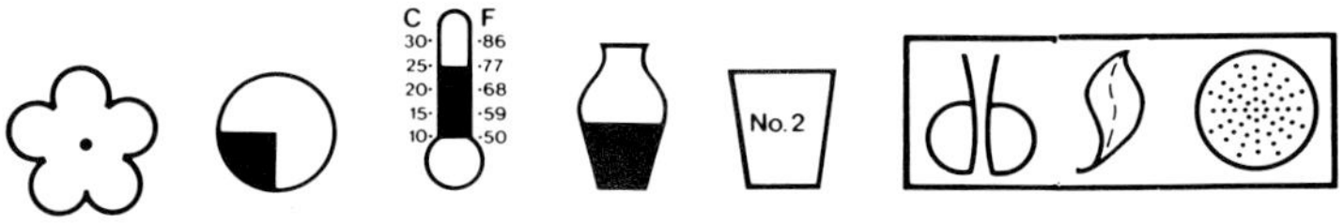

La especie más conocida y satisfactoria, *Kalanchoe blossfeldiana*, tiene racimos compactos de pequeñas flores de color escarlata, al final de un tallo de unos 15 a 22 centímetros; es un miembro poco llamativo de la familia de las crassuláceas, que, cuando es joven, ocupa poco espacio y tiene la ventaja de florecer en pleno invierno. Hay otras especies con flores amarillas.

Pueden comprarse fácilmente hacia Navidad u obtenerse de semillas sembradas en febrero; en este caso precisan períodos regulares de iluminación intensa y calor desde principios de noviembre, para favorecer la floración.

La mayoría de las especies son carnosas y resisten una sequía no muy pronunciada, pero durante su crecimiento responden mejor si se riegan bien. Necesitan un buen drenaje. *K. beharensis* tiene grandes hojas onduladas, cubiertas de pelos finos, de color rojo herrumbroso cuando son jóvenes; florece difícilmente, pero se aprecia por sus hojas.

Algunas especies de kalanchoe que antes estuvieron incluidas en el género *Bryophyllum* tienen la particularidad de producir plántulas en los senos de las hojas. Algunas de éstas, como *Kalanchoe tubiflora y K. daigremontiana*, se utilizan en bandejas ajardinadas.

Kohleria

Las especies pertenecientes a este género se clasificaron anteriormente como *Isoloma*, nombre que se propuso antes para un género de helechos.

Las kohleria son parecidas a las gesneria y rechsteineria, pero como achimenes y smithiantha, tienen rizomas cubiertos de escamas, pero también raíces fibrosas o tubérculos. Difieren de estas últimas por sus flores más tubulosas y por presentar un disco quinquelobulado en vez de un anillo continuo (1).

Algunas especies son más bien talludas, alcanzando desde unos 90 centímetros hasta 1,20 metros, pero las ramas que crecen más pueden repicarse para obtener una planta más compacta. *Kohleria eriantha*, con flores rojo anaranjadas con manchas amarillas en los lóbulos inferiores, es una de las especies más grandes, pero a pesar de ello merece tenerse. *K. bogotensis*, con flores rojas con matiz amarillo, y *K. ocellata*, una planta de aspecto muy exótico, con flores de color rojo brillante, manchadas de negro y con contornos blancos o amarillo pálidos en los lóbulos inferiores, merecen destacarse. Hay otras especies o híbridos que presentan una amplia gama de colores. Las hojas de las kohleria son pelosas y algunas también son ornamentales.

Algunas kohlerias mueren después de la floración y tienen un período inactivo como *Achimenes* (deben cuidarse de manera similar, ver éstos). Otras florecen durante casi todo el año.

Como otras plantas similares, son propensas a los ataques por insectos dañinos.

(1) *Dictionary of Gardening*, de la Royal Horticultural Society, Supplement, 2.ª Ed. 1969.

165

166

167

165. *Jatropha podagrica*

166. Varias *Kalanchoe:*
K. beharensis y
K. blossfeldiana

167. Varias *Kohleria:*
K. eriantha (1)
K. bogotensis (2)
K. amabilis (3)
K. × *amabilis* (4)

Lachenalia

Género de agradables bulbosas de la familia de las liliáceas, que procede de Africa del Sur. Generalmente, tienen flores parecidas a dedaleras, en tallos de unos 15 centímetros de altura. Los mejores bulbos, pasados uno o dos meses, cuando están en un ambiente fresco, producen tres o cuatro espigas floridas. Deben estar muy aireados.

Los bulbos deben plantarse en agosto, en tiestos de poco fondo, separados unos 5 centímetros, cubiertos con 1,5 centímetros de tierra. Deben colocarse en cama de cenizas húmedas, en un lugar fresco y se deben regar en abundancia. Después deben dejarse hasta que comiencen a brotar; entonces se iniciará el regado de forma regular. Estarán bien drenadas, pues de otra forma puede sobrevenirles una enfermedad a la que son propensas: una forma de pudrición de la raíz, que se detecta por una decoloración de tono rosáceo en la base de los bulbos.

Después de la floración se colocarán los bulbos a pleno sol, para que maduren y se dejarán en un suelo seco hasta que llegue en agosto la época de plantarlos de nuevo en tiestos. Si hay problemas de espacio, los bulbos pueden sacarse de la tierra y guardarlos en otro lugar después de que las escamas se hayan secado.

La especie *L. orchioides* merece citarse, porque sus flores son fragantes y de forma parecida a las de *Orchis maculata*, de color blanquecino o amarillento, teñidas de rojo o azul.

Se pueden multiplicar muy fácilmente por semilla, división o, incluso, como *Saintpaulia* y algunas gesneriáceas, por esquejes foliares, que florecen rápidamente (por lo general, en un año).

Lantana

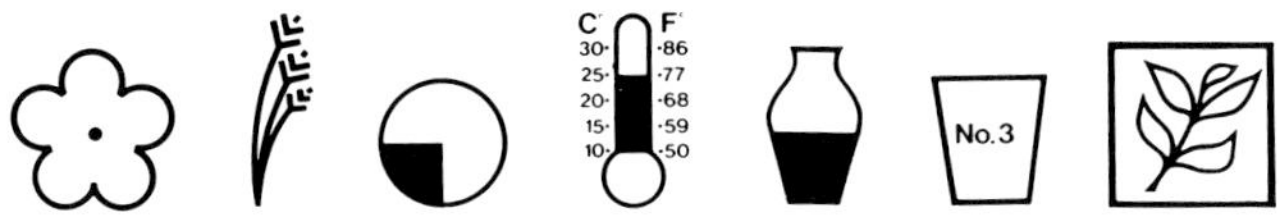

Ciertas especies e híbridos de lantana son arbustos adaptables, que florecen libremente; sus racimos de flores, parecidas a las de la Verbena, que pueden ser de color lavanda, rosa, rojo, dorado, blanco o multicolores, continúan apareciendo durante varios meses, con frecuencia en el invierno.

Las lantanas proceden del Nuevo Mundo tropical o subtropical y de algunas partes de Africa y Asia. Sin embargo, durante el verano se dan bien a la intemperie en Gran Bretaña, y pueden cultivarse eficazmente en interiores, en cestillos colgantes o en tiestos. Las plantas viejas que han sido podadas florecen mejor. También pueden cultivarse en bastidores de unos 60 a 90 centímetros. Crecerán incluso con poca iluminación, pero necesitan estar bien regadas.

Las lantana tienen un curioso aroma, que algunos encuentran estimulante, aunque a otros no les agrada.

Lapageria

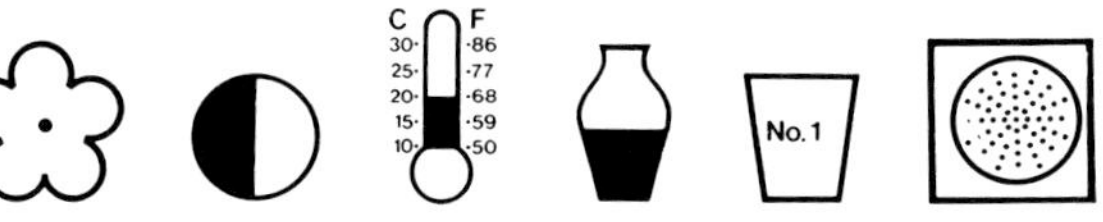

Es una enredadera de bella floración, que se encuentra entre las más meritorias lianas de interior. Las grandes flores céreas, péndulas y tubulosas, pueden ser de color carmesí rosado, rosa o blanco. Las blancas son, con mucho, las menos resistentes y la variedad *Lapageria rosea ilsemanni* es la más vigorosa y tiene flores sorprendentes.

Las lapageria necesitan una atmósfera fresca y deben estar resguardadas de la luz solar directa durante el verano, pero precisan mucha agua y un ambiente húmedo. Deben ser rociadas con la mayor frecuencia posible durante la época de floración.

Son propensas a la mosca verde y al ácaro rojo, así como al gorgojo de la harina y otros insectos dañinos, por ello deben vigilarse cuidadosamente y darles el tratamiento adecuado.

La multiplicación puede ser por acodo, aunque es muy difícil. También puede hacerse por semillas.

168

168. *Lachenalia aloides* «Nelsonii»

169. *Lantana camara chelsonii*

170. *Lapageria rosea* × *rosea* var. *albiflora*

169

170

Leucocoryne

Una bella bulbosa aromática de la familia de las liliáceas. La especie más atractiva del género, *Leucocoryne ixioides*, tiene flores que van desde el color azul pálido al púrpura brillante, que aparecen en primavera. Con frecuencia es conocida con el nombre de «gloria del sol.» Merece cultivarse en interiores y debe cuidarse como las freesias (ver éstas).

Lilium

Es un extenso género de bulbosas con flores espectaculares, muchas de las cuales son bastante resistentes y constituyen unas bellas plantas de jardín. En sentido estricto, no entran en el contenido de este libro; sin embargo, algunas especies son excelentes plantas de maceta y, recientemente, el número de azucenas cultivables ha aumentado como consecuencia de la obtención de híbridos de cultivo «Oregón», que constituyen una aportación que ha aumentado considerablemente la gama de colores de sus flores.

Las azucenas generalmente se compran en estado de bulbo, pero la semilla de *Lilium formosanum* merece ensayarse, pues, al contrario de lo que ocurre con la mayoría de las azucenas, puede dar plantas que florezcan en el primer año. Esta especie es muy parecida a *L. longiflorum*, «la azucena de Pascua», que también florece rápidamente de semilla, y ambas tienen grandes flores blancas, largas, en forma de trompeta, muy fragantes. Otras especies dignas de cultivarse son: el fragante *L. auratum* y sus variedades; *L. candidum*, «la azucena común» o «azucena de la Virgen», también fragante; *L. speciosum* y sus variedades, con puntos y manchitas de colores rosa a carmesí; así como la poco frecuente *L. nepalense*, variedad *robustum*, que tiene hermosas flores de color verde con el centro púrpura, y es igualmente aromática.

Recomendamos especialmente el híbrido «Enchantment», con flores rojas brillantes, que pertenece al grupo de híbridos «Mid-Century», todos los cuales tienen la cara superior de sus flores en matices de amarillo, anaranjado y rojo. Otro excelente híbrido es el «Corsage», que tiene flores con la cara externa de color rosa y marfil, a veces teñidas muy suavemente de verde. Todas estas azucenas florecen algunas semanas antes si se cultivan en interior que si crecen a la intemperie; los híbridos pueden forzarse para que florezcan todavía más pronto, pero actualmente hay a la venta bulbos especialmente preparados que florecen entre febrero y marzo.

Una vez plantadas las azucenas, los tiestos primero deben llenarse hasta la mitad con abono compuesto «compost», luego debe extenderse sobre ellos un puñado de arena. Los bulbos deben colocarse sobre su base y cubrirse hasta su ápice con «compost» mezclado con arena. Cuando el tallo ha alcanzado el borde del tiesto, se debe añadir más «compost», hasta unos 2,5 centímetros por debajo del borde (que es la altura normal de la tierra para plantas de maceta). La razón de este proceso es que los bulbos deben plantarse muy profundamente para permitir que las raíces se formen desde los tallos, a la vez que dejándolos algo bajos con poca tierra hasta que crezcan se reduce la posibilidad de que se pudran por la humedad excesiva. Se exceptúa la «azucena de la Virgen», que debe plantarse superficialmente, con sólo unos 2,5 centímetros de «compost» sobre el bulbo. Como con otras bulbosas, el suelo debe empaparse bien al principio; después debe dejarse con escaso o con ningún riego, hasta que se inicie el crecimiento. Entonces debe regarse mucho, pero no por encima. Debe tener buen drenaje y es preciso colocar en el fondo del tiesto una capa de 2,5 centímetros de gravilla.

Las raíces deben permanecer en fresco, pero el follaje necesita mucho sol, aunque la temperatura no debe subir mucho de 20° C (68° F).

Desgraciadamente, las azucenas son muy susceptibles a varias enfermedades causadas por virus, siendo esencial comprar los bulbos en un proveedor de confianza. No dejarse tentar por la gangas. Las enfermedades por hongos (micosis) sólo se presentarán si la humedad es demasiado elevada. Los bulbos almacenados también están expuestos a la pudrición si no están en lugar seco y bien aireado. Algunas plagas pueden atacar a las azucenas. La más corriente son los aphidos.

Litchi

Litchi chinensis o *Nephelium litchi* se incluye para los aficionados al cultivo de plantas de pepitas, porque pueden cultivarse desde la pepita del litchi. Sin cama caliente, pueden tardar un par de meses en germinar.

La planta es delicada e incapaz de florecer cuando joven. Tiene hojas perennes, bastante atractivas y es escasamente interesante salvo si está en un invernadero con mucho espacio y ambiente cálido y húmedo.

171

173

172

171. *Leucocoryne ixioides odorata*

172. *Lilium × testaceum*

173. *Litchi chinensis*

Lithops — ver MESEMBRYANTHEMUN

Lobivia — ver CACTUS

Lotus

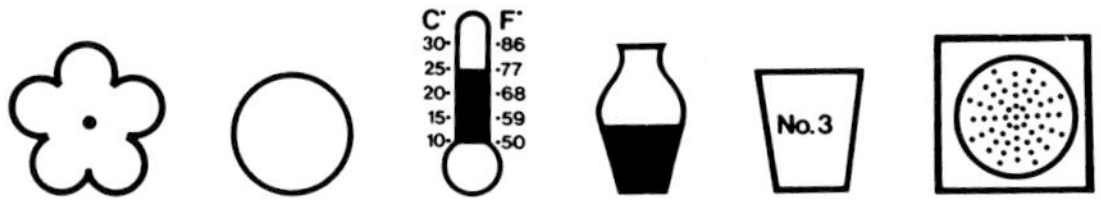

Lotus bertholetii es una atractiva planta para cestillos colgantes, con largos tallos, con flores escarlata en forma de concha.

Tiene un período de reposo durante el invierno, entonces tiende a caer el follaje.

Luculia

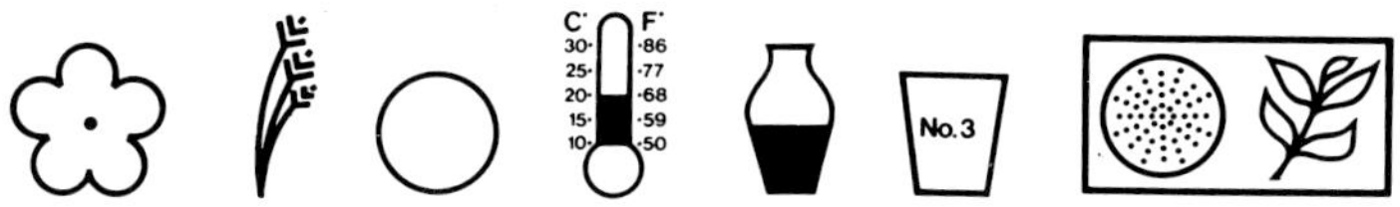

Matas o arbolillos que a veces crecen mucho y producen flores muy aromáticas, cuando jóvenes, en el invierno, por lo menos *Luculia gratissima*. Las flores de *L. gratissima* son de color blanco rosado pálido, dispuestas en racimos. *L. pinceana* tiene flores más grandes y más pálidas, y también puede florecer en invierno. *L. grandifolia* tiene las hojas mucho mayores, como indica su nombre, y bellas flores grandes, blancas y fragantes. Es un notable arbusto. Desgraciadamente, las luculias son caducifolias, o sólo parcialmente perennifolias.

La siembra por semilla es un método más seguro de multiplicación que los esquejes.

Lycoris

Un pequeño género de la familia de las amarilidáceas, que debe cultivarse del mismo modo que *Nerine* (ver éste). Los lycoris florecen a finales de verano o en otoño y necesitan mucho sol para florecer. Quizá la especie más recomendable es *L. squamigera*, que tiene flores olorosas de color lila rosado. También se recomienda *L. aurea*, que tiene flores amarillo doradas.

Lygodium — ver HELECHOS

174

176

175

174. *Lotus bertholetii*

175. *Luculia grandifolia*

176. *Lycoris squamigera*

Malpighia

Malpighia coccigera es un curioso arbustito, con hojas parecidas a las del acebo y racimos de flores de forma curiosa, de color rosado, que duran una larga temporada. *M. punicifolia* es un arbusto mucho más grande, semejante a un granado, con hojas brillantes en el haz y aterciopeladas en el envés; a las flores de color de rosa les siguen unos frutos comestibles, parecidos a cerezas. Las malpighia son perennifolias. Necesitan un suelo ácido.

Mammillaria — ver CACTUS

Mandevilla

Mandevilla laxa (sinónimo *M. suaveolens*), el «jazmín de Chile», es la especie de este género que se encuentra con más frecuencia. Es una liana caducifolia, con bellas y fragantes flores grandes, blancas, parecidas a jazmines.

Debe plantarse en una maceta lo más grande posible, para no perjudicarla con trasplantes. Puede podarse en espaldera después de la floración.

Las hojas jóvenes son muy propensas al ácaro rojo y a otras plagas; realmente, la *Mandevilla* es una de las plantas de interior más susceptibles a las plagas, y es aconsejable rociarlas con un insecticida de tipo general una vez cada dos o tres semanas, porque es casi seguro que padezcan alguna plaga. Los que se atrevan a intentar el cultivo de estas difíciles plantas deben pensar antes en un posible fracaso.

M. splendens tiene flores más grandes, de color rosa carmesí y es más fácil de cultivar en macetas que *M. laxa*.

Manettia

Plantas trepadoras, perennifolias, bastante atractivas, con flores pequeñas, pero numerosas, en forma de embudo, de color rojo, anaranjado o amarillo. Son de fácil cultivo y florecen durante todo el año. Deben adaptarse a un enrejado o en cuerdas o alambres, en una ventana soleada.

Si se podan durante el período de crecimiento, florecerán mejor. Los esquejes deben cortarse en primavera de plantas adultas.

177. *Malpighia coccigera*

178. *Malpighia glabra*

179. *Mandevilla splendens*

180. *Manettia inflata*

177

178

179

180

Maranta

Las marantas son muy admiradas por sus hojas. Las de algunas especies tienen el hábito de plegarse por la noche. En las especies más corrientes, como en *Maranta bicolor*, las hojas brillantes y oblongas tienen unas marcas muy irregulares, en forma de lunares con el centro de color verde brillante, sobre un aterciopelado y delicado fondo, de color verde oscuro, marcado por venas purpúreas. En *M. leuconeura* las venas son blancas, con manchas de color castaño sobre un fondo verde brillante. El envés de las hojas es, por lo general, de color púrpura. Tienen florecitas insignificantes, de color blanco o rosa, dispuestas en racimo. Las que con más frecuencia se ofrecen a la venta son las variedades *kerchoveana* y *massangeana*, de *M. leuconeura*.

Las marantas necesitan condiciones lo más parecidas posible a las de los trópicos húmedos. Deben tener mucho calor, agua y rociado durante su crecimiento, pero deben estar en un lugar seco durante el invierno. Se trasplantarán en primavera; entonces pueden multiplicarse con facilidad por división de sus raíces.

Las marantas se confunden con frecuencia con las calathea (ver éstas) y otros géneros parecidos de la familia de las marantáceas. Entre éstas están *Ctenanthe* y *Stromanthe*. *Ctenanthe oppenheimiana* es bastante robusta; sus largas hojas coriáceas, de color verde oscuro, están marcadas con franjas pálidas y tienen el envés de color púrpura. *Stromanthe sanguinea* tiene largas hojas brillantes, de color verde oscuro, también purpúreas por el envés y presenta atractivas flores de color rosa. Las plantas de éstos dos géneros deben tratarse como las maranta y calatheas.

Masdevallia *obrieniana* — ver ORQUIDEAS

Medinilla

Medinilla magnífica es el «Rolls-Royce» de las plantas de interior. Si bien no crece mucho (unos 90 centímetros), tiene grandes hojas parecidas a las del magnolio, perennes, y racimos péndulos con flores de color rosa clavel y anteras purpúreas. Las inflorescencias pueden alcanzar unos 30 centímetros de largo y duran bastante. También se conocen formas con flores de colores más intensos.

Las medinillas necesitan las condiciones de los trópicos lluviosos; es decir calor, humedad y luz; deben rociarse con frecuencia. Pueden podarse después de la floración. Pueden estar en el mismo tiesto durante muchos años, pero la tierra debe renovarse de cuando en cuando.

El *Dictionary of Gardening*, de la Royal Horticultural Society recomienda que: «La tierra de la maceta deberá estar moderadamente apretada, para garantizar un desarrollo con cortos entrenudos y la firmeza del leño, que son necesarios para tener éxito en la floración». Si se les proporcionan las condiciones estrictas, las medinillas florecen fácilmente, a pesar de su aspecto exótico, que induce a pensar lo contrario.

Pueden ser atacadas por el ácaro rojo.

181

181. *Maranta leuconeura* var. *kerchoveana*

182. *Medinilla magnifica*

182

Mesembryanthemum

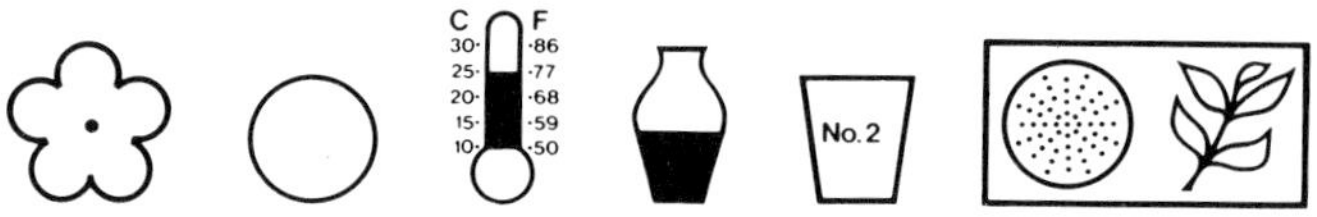

Es el género más conocido de la familia aizoáceas. Un cierto número de estas plantas carnosas de los desiertos, que tienen alegres colores, pueden cultivarse a la intemperie en climas templados. Sin embargo, hay otras que necesitan protección, por lo menos contra las heladas.

Son deliciosas plantas de interior y pueden cultivarse con facilidad, pero deben tener luz abundante, sol y aire. Algunas especies desarrollan tallos leñosos y llegan a ser pequeños arbustos; otras, sólo forman hojas con las flores en la base, o sobre vástagos; mientras que unas pocas tienen forma de huevo como *Mesembryanthemun rhopalophyllum*, que detiene el crecimiento para que aparezca la flor. Los colores de las flores pueden ser amarillo, blanco, rosa, rojo o púrpura.

Los mesembryanthemum necesitan un período de descanso después que ha terminado el desarrollo. Después, inician de nuevo el desarrollo sin necesidad de agua. El drenaje debe ser bueno o se pudrirán en la base (especialmente las que no tienen tallo). Como todas las crasas, son propensas al ataque por el gorgojo de la harina.

Otros miembros de las aizoáceas con características similares son: *Argyroderma*, *Cheiridopsis*, *Conophytum*, *Faucaria*, *Lithops* y *Pleiospilos*.

Miltonia — ver ORQUIDEAS

Mimosa

Muchas especies que con frecuencia se toman por mimosa, en realidad pertenecen al género *Acacia* (ver ésta). Las mimosas tienen hojas plumosas, como las de las acacias, y flores, también plumosas, de color rosa a púrpura, que no son aromáticas.

Mimosa pudica, la «sensitiva» o «mimosa», se cultiva fácilmente de semilla y tiene tamaño de una hierba, pero es una planta leñosa perenne. Sus hojas son muy sensibles y se cierran rápidamente si te tocan. Alcanza unos 30 centímetros de altura. *Mimosa sensitiva* es un arbustillo parcialmente trepador, que alcanza hasta unos 2 metros de altura. Es perennifolia, y a pesar de su nombre, es menos sensible que *M. pudica*.

Monstera

Monstera pertusa es una planta trepadora que tiene grandes hojas brillantes de color verde oscuro, y como su nombre indica, con entrantes y salientes profundos. Es una planta de follaje llamativo, que está en su óptimo formando parte de un grupo de plantas, o también cuando forma parte del ornato de una habitación para que destaque la extraña forma de sus hojas. La imitan fácilmente los fabricantes de flores artificiales.

El «cultivar» «Borsigiana» es una forma algo más compacta. *Monstera deliciosa* tiene hojas mayores, de forma similar, pero es demasiado grande para el gusto de la mayoría de la gente. (*M. pertusa* se vende con frecuencia como *M. deliciosa.*) Las monsteras echan raíces aéreas que no deben quitarse, pero deben colocarse dentro del tiesto o, si está la planta en una bandeja, rodeándola. Crecen moderadamente, y aunque proceden de los trópicos, parece que necesitan menos riego y humedad que otras plantas de follaje del mismo origen. Son sufridas, pero los ápices de las hojas pueden amarillear por el exceso o defecto de riego.

Se multiplican mejor por acodo de renuevos apicales que tengan raíces.

183

183. *Mesembryanthemum criniflorum*

184. *Mimosa sensitiva*

185. *Monstera pertusa* «Borsigiana»

184

185

Muehlenbeckia 

La única planta de este género que merece nuestra atención es *Muehlenbeckia platyclados* (sinónimo *Homocladium platycladum)*, por ser curiosa más que por ser atractiva. Las plantas jóvenes tienen tallos aplastados que parecen hojas; de éstos salen las hojas. Cuando los tallos son adultos se vuelven redondeados. Las flores son blancas, menudas e insignificantes.

Musa (1) 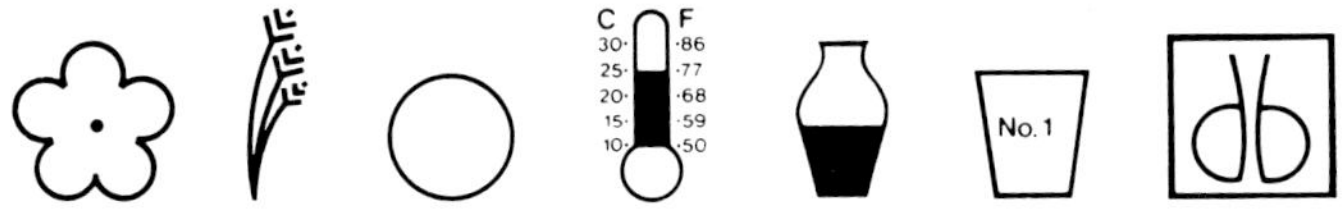

Puede parecer absurdo incluir una platanera entre las plantas de interior. Inicialmente no habíamos pensado hacerlo, pero a última hora nos sorprendió un anuncio en el *New York Times* que ofrecía:

> «Sabrosas bananas año tras año en su hogar..., un bello grupo de flores de color vinoso esta primavera, seguidas por una serie de sabrosas bananas comestibles. Este asombroso árbol enano de la banana crece, aproximadamente, 1,5 metros de altura, y prospera en su hogar, de modo que el delicioso fruto estará siempre a su alcance. ¡Imagínese! *(sic)* elegir bananas de su cosecha para el desayuno o merienda. Utilice la cosecha sobrante para hacer pasteles de banana, frituras y rodajas.
>
> Todo ésto, conseguido de una plantación de plataneras.»

Hasta aquí el anuncio, si bien hemos de confesar que no hemos podido conseguir la planta para atestiguar sus virtudes.

Se recomienda *Musa cavendishii*, por el *Dictionary of Gardening*, de la Royal Horticultural Society, y por otros autores, como la platanera enana más apropiada para fructificar en un invernadero o, incluso, en las condiciones de un hogar, aunque también pueden ser mejores las variedades de esta especie. Ballard (1) también recomienda *M. nana* y *M. velutina*.

M. cavendishii alcanza, aproximadamente, 1,5 metros de altura, y sus hojas, de color verde azulado, tienen entre 60 y 90 centímetros de largo. Las flores, blanco amarillentas, están situadas entre las brácteas de color púrpura intenso, en una espiga colgante: después, si se tiene suerte, o «se vive en Florida», las flores darán bananas aromáticas, comestibles.

Las plantas florecen, si tienen condiciones los más parecidas a las del sudeste de Asia, su lugar de origen; es decir, los trópicos lluviosos. Necesitan mucho abonado.

Taylor (1) advierte el peligro de una plaga de insectos: «un escarabajo de aparato bucal negro, cuya larva perfora los tallos». Si hay cualquier signo de esta plaga se deben separar las partes afectadas. La principal enfermedad a que son propensas las especies de *Musa* es la marchitez, y si aparece, debe destruirse la planta. Hay una amplia gama de otras enfermedades de origen exótico que pueden presentarse, aunque ésto será difícil si se cuidan las plantas con esmero.

(1) Este tema está tomado enteramente de otras fuentes: En particular George D. Ruehle, en *Taylor's Encyclopaedia of Gardening*, Boston, 4.ª Ed., y el *Dictionary of Gardening* de la Royal Horticultural Society, Oxford, 2.ª Ed., 1969. También Ernesta Drinker Ballard: *Garden in Your House*, Nueva York, edición revisada, 1971.

Muscari — ver BULBOSAS

Mutisia 

Arbustos muy atractivos, generalmente lianas, con flores parecidas a las del género Gazania, con frecuencia brillantemente coloreadas.

Mutisia clematis es la especie que más se cultiva, es algo rampante, y necesita una rigurosa poda en primavera. Las flores son de color escarlata-anaranjado brillante y, como las de otras especies, duran mucho. *M. decurrens* destaca por sus magníficas flores de color naranja brillante. *M. oligodon* también es atractiva.

186

187

188

186. *Muehlenbeckia platyclados*

187. *Musa nana*

188. *Mutisia oligodon*

Myrtus

El «mirto» o «arrayán» *(Myrtus communis)* es una deliciosa planta de maceta que reúne méritos suficientes para ser más conocida. Las numerosas florecitas de color blanco, parecidas a las de un pequeño acerolo, que aparecen en el verano, son atractivas y aromáticas, lo mismo que las hojas perennes, oscuras y brillantes, que desprenden su aroma cuando se frotan. La variedad *tarentina* tiene las hojas más pequeñas y, quizá, por eso es más atractiva.

Crecen rápidamente y pueden podarse después de la floración. Para asegurarse que mantengan su forma deben cambiarse de posición periódicamente, para que todas sus partes reciban la misma cantidad de luz.

Son propensas a los ataques por el gorgojo de la harina, pero por otra parte son fáciles de mantener y no presentan inconvenientes.

Naegelia — ver SMITHIANTHA

Narcissus — ver BULBOSAS

Neanthe *elegans* — ver *Collinia elegans* en PALMERAS

Neomarica

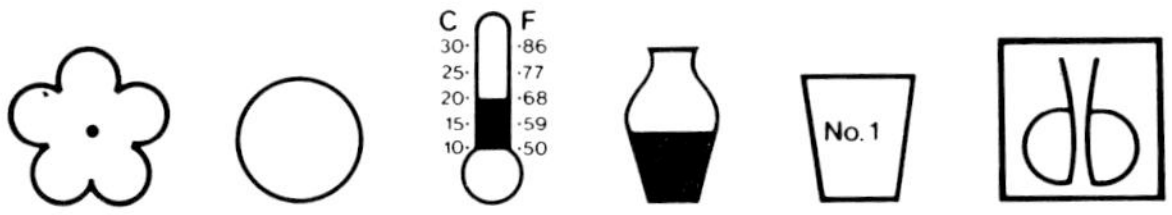

Un encantador miembro de la familia iridáceas, que puede cultivarse con éxito como planta de interior. Las flores de la mayoría de las especies son amarillentas, con franjas más oscuras de color parduzco, pero algunas especies son multicolores, de azul, rojo, amarillo, castaño y blanco.

Se recomiendan *Neomarica brachypus*, que tiene flores amarillas, pardo rojizas en la base, tienen la desventaja de sus enormes hojas (en su medio natural alcanzan más de 1,80 metros de largo), y *N. gracilis*, de flores blancas o teñidas de azul, rojizas en la base. La última especie es vivípara; las plántulas pueden enraizar como las de *Chlorophytum*. Todas las especies se multiplican fácilmente por división de los rizomas.

Cuando están creciendo y en flor, necesitan mucha agua, pero deben estar bien drenadas.

189

189. *Myrtus*

190. *Neomarica caerulea*

190

Neoregelia

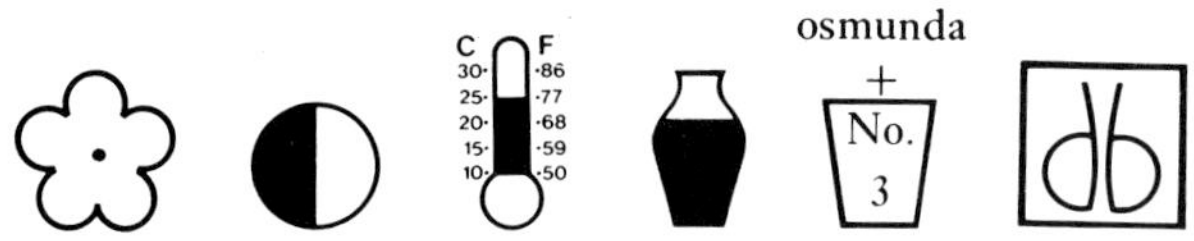

Las neoregelia son bromeliáceas, que se estiman principalmente por su follaje, porque en general sus flores, muy escondidas entre las rosetas foliares, tienen poco interés. *Neoregelia spectabilis* es la especie más espectacular, tiene hojas verdes con su base carmesí, a veces abigarradas de rojo en el haz, mientras que el envés es gris ceniciento y franjeado.

N. carolinae es una planta destacable, con hojas verdes franjeadas de amarillo y brácteas de color rojo intenso en el centro de la roseta que rodea la cima floral. Del mismo modo que *Cryptanthus*, parece pintada para un carnaval.

Las neoregelias prefieren una temperatura más elevada y necesitan más sombra que otras bromeliáceas, pero, por lo demás, deben cuidarse como las *Aechmea* (ver éstas).

Las *Neoregelia* se conocen también como *Aregelia*, nombre que en la actualidad se considera incorrecto.

Nepenthes

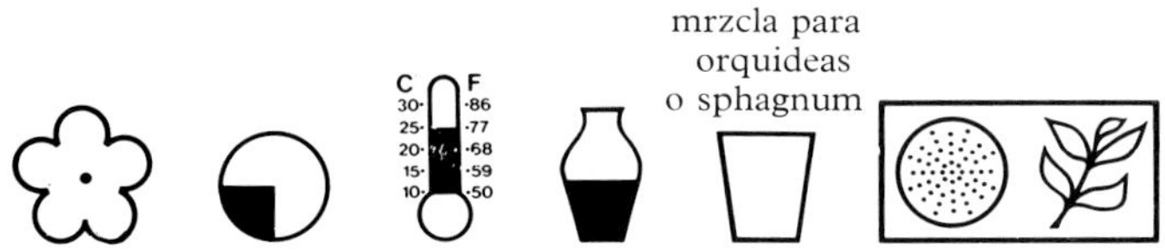

Los nepenthes, conocidos comúnmente como «plantas jarro», son unas curiosas y siniestras plantas, que merecen cultivarse por sus extrañas costumbres y raro aspecto, a condición de que se les puedan proporcionar las condiciones de los trópicos húmedos.

Los «jarros» (ascidias), que penden de sutiles zarcillos desde el ápice de las largas hojas, pueden ser muy grandes, de 90 centímetros de altura en una especie, pero, generalmente, tienen de 5 a 15 centímetros. Normalmente presentan combinaciones de los colores verde, rojo, púrpura o pardo. La gama de colores ha sido ampliada recientemente por la obtención de cierto número de híbridos.

Los nepenthes son plantas carnívoras; sus ascidias son cepos para los insectos que son atraídos por la secreción de las glándulas de sus bordes. Los insectos, ávidos del néctar de las glándulas, con frecuencia penetran en una zona lisa y resbaladiza, cayendo al fondo de la ascidia, donde quedan aprisionados. Entonces se cierra la pequeña hoja que está en el borde de la ascidia, atrapándolos. Después, los jugos digestivos del fondo los disuelven y transforman en sustancias alimenticias que la planta puede absorber.

Los nepenthes, en su mayoría, son epifíticos y, por tanto, son ideales para cultivarlos en cestillos colgantes o en tiestos de pared, en una mezcla de tierra para orquídeas o en dos partes de fibra de turba mezclada con sphagnum y un puñado de carbón vegetal.

Si se desean ascidias grandes, los renuevos deben repicarse después de que hayan formado varias hojas.

Son plantas difíciles y se han incluido aquí por ser muy curiosas. Solo deben intentar su cultivo aquellos que puedan conseguir las estrictas condiciones de los trópicos lluviosos. Deben protegerse de los rayos solares y rociarse con frecuencia.

Las semillas, obtenidas en Gran Bretaña y en cualquier otra parte, deben sembrarse en cama caliente a unos 27-30° C (80-86° F). Necesitan más de un mes para germinar.

Nephelium *litchi* — ver LITCHI

Nephrolepsis — ver HELECHOS

191

191. *Neoregelia marechalii*

192. *Nepenthes hookeriana*

192

Nerine

Un miembro de la familia de las amarilidáceas, sorprendentemente hermoso, que florece en otoño o a principios de invierno. Se recomiendan *Nerine bowdenii* (con flores rosa pálido), *N. flexuosa* (con diferentes tonos de rosa y blanco), que actualmente comprende *N. pulchella* y *N. sarniensis* (de color escarlata variable). Hay, además, numerosos híbridos de estas especies.

Los bulbos deben comprarse y plantarse desde agosto a septiembre. Pueden plantarse aislados en tiestos de 10 a 12 centímetros, o también tres o cuatro bulbos juntos, en tiestos de unos 15 centímetros, con la tierra cubriendo solamente la mitad de los bulbos. Es beneficioso añadir al «compost» estiércol de vaca seco o sangre también seca. Deben cuidarse como la mayoría de las amarilidáceas y liliáceas. Después de que la tierra haya sido regada inicialmente, deben dejarse en un lugar iluminado, con una temperatura entre 10-15° C (50-59° F), hasta que empiecen a aparecer los renuevos; entonces debe volverse a regar. Desde este momento en adelante, durante la época de floración y todo el invierno, se debe mantener la tierra húmeda, pero bien drenada. Desde mayo a junio, el riego debe cesar y las plantas permanecerán en seco a la intemperie (las hojas de *N. flexuosa* se habrán amarilleado y marchitado). Los bulbos deben conservarse en un lugar seco y aireado, hasta que llegue de nuevo la época activa, en agosto-septiembre.

Las nerine no se alteran estando en el tiesto y no deben trasplantarse por lo menos durante dos temporadas.

Nerium

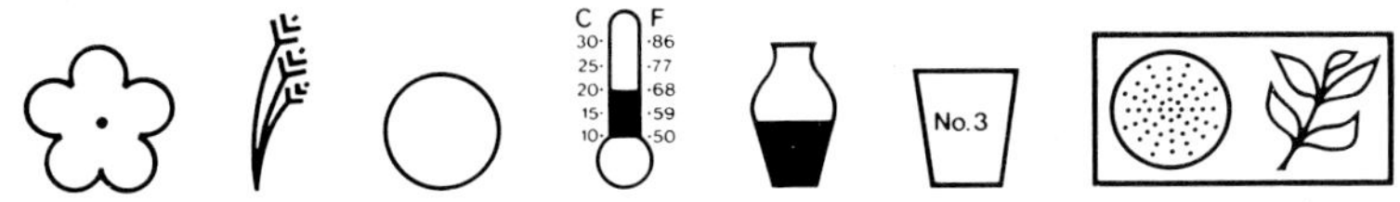

Nerium oleander, «la adelfa», suscita la nostalgia del Mediterráneo, donde se encuentra en todas partes.

Las atractivas hojas, delgadas, alargadas, perennes, y los racimos de flores, de color blanco, rojo, rosa o amarillo cremoso, hacen que sean unos arbustos agradables de mantener. Otra especie de este género, *Nerium odorum*, también se cultiva, pero mucho más raramente que la adelfa. Como su nombre indica, es aromática. Las hojas y las flores de todas las especies son venenosas. A los nerium les van bien el aire y el sol. Pueden permanecer a la intemperie durante el verano. Después de la floración deben podarse drásticamente para que conserven su forma y para ayudar al nuevo desarrollo.

Son propensas a los pulgones, coco de la harina y ácaro rojo.

Nertera

Nertera granadensis es una agradable curiosidad. Tiene flores inconspicuas, a las que siguen frutos de color rojo anaranjado, brillantes, que parecen cabezas de alfileres de colores, sobre un cojín de diminutas y apretadas hojas.

Necesitan bastante humedad en su período activo, pero no son exigentes y dan poco quehacer. Cualquier fragmento de la planta que tenga raíces prosperará rápidamente.

193

194

195

193. *Nerine sarniensis* var. *major*

194. *Nerium oleander*

195. *Nertera granadensis*

Nicolaia 

Más que de interior, son plantas de invernadero, pero son tan espectaculares sus racimos de brácteas, generalmente de color rojo anaranjado brillante, dispuestas en el extremo de largas espigas, que no hemos resistido la tentación de incluirlas, para poner a prueba a los aficionados que puedan darles las condiciones correctas. Este género pertenece a la famila de las zingiberáceas.

Para que florezcan deben estar muy bien abonadas.

Nicolaia es el nombre correcto de estas plantas, que antiguamente se conocían con el nombre de *Phaeomeria*.

Nidularium 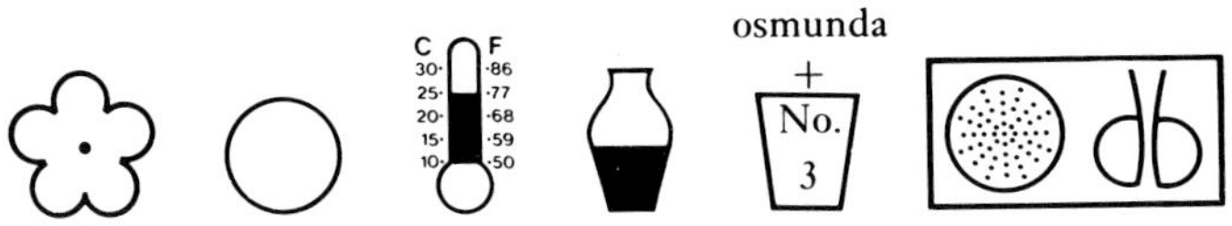

Son bromeliáceas muy parecidas a neoregelias (ver éstas). *Nidularium innocentii* tiene, en la parte interior de su roseta, hojas bracteiformes, de color rojo brillante y flores sentadas, blancas o verdosas. *N. fulgens*, quizá la más espectacular, tiene en su roseta hojas semejantes, de color escarlata, y flores de color violeta con tubo blanco entre los sépalos rojos.

Nopalxochia — ver CACTUS

Notocactus — ver CACTUS

Ochna 

Es un género con más de 80 especies, de Africa y Asia tropical. Entre éstas se encuentra *Ochna serrulata (O. multiflora)*, que es un arbusto originario de Natal, interesante principalmente por la rara y curiosa forma de maduración de los frutos en las ramas. En ciertas épocas, los frutos, vistos de lejos, parecen insectos alados —como abejorros pintados por un niño— más que algo perteneciente al reino vegetal.

Esta rara fructificación procede del desarrollo irregular de los frutos en la cima floral. Los pétalos, verde amarillentos, caen rápidamente, y los sépalos de color rojo cereza quedan vueltos hacia abajo, a la vez que las pequeñas bayas verdes se desarrollan sobre la hundida base redonda y roja. De esta forma, los sépalos parecen las «alas» de un imaginario insecto. De los cinco frutos redondos sólo dos o tres se desarrollarán al mismo tiempo, y como maduran, engruesan y se oscurecen, las protuberancias parecen los brillantes «ojos» negros del insecto. Esto se completa por la presencia de un pelo parecido a un probóscide, situado entre los ojos, y por la de varios mechones que parecen las «antenas».

Un buen ejemplar florecerá profusamente, constituyendo una rara y encantadora planta en el invernadero.

Las ochnas requieren el tratamiento normal para los arbustos tropicales, pero debe cuidarse especialmente la aireación del suelo. Crecerán débilmente si la temperatura es alta y la intensidad de la luz es débil; en este caso, los ápices de las ramas deben desmocharse.

196

198

197

196. *Nicolaia magnifica*

197. *Nidularium innocentii* variedad

198. *Ochna atropurpurea*

Odontoglossum — ver ORQUIDEAS

Oliveranthus *elegans* — ver ECHEVERIA *harmsii*

Oplismenus

Oplismenus es un género de gramíneas, en su mayor parte rastreras, que tienen gran parecido con las tradescantias, especialmente las que tienen hojas variegadas, aunque las hojas son más alargadas. *Oplismenus hirtellus* y *O. imbecillis* tienen formas con hojas variegadas.

Hay plantas muy resistentes y adecuadas para cestillos colgantes o para grupos de plantas de follaje. Durante el desarrollo deben abonarse. Las hojas superiores de las plantas más jóvenes son las más bellas. Como los esquejes enraízan fácilmente, lo mejor es tomarlos de ejemplares jóvenes, teniendo así un repuesto de plantas nuevas. Las flores tienen escaso interés.

Orquideas

Se puede decir con certeza que la familia de las orquídeas, más que ninguna otra, contiene las flores más maravillosas, por su color, forma y, a veces, por su fragancia.

Sorprendentemente, muchas orquídeas tienen tantas cualidades que las hacen muy aptas para cultivarse en interiores, lo que no se cumple siempre en la mayoría de las plantas floridas de interior más populares, como ciclámenes, azaleas (rododendros) o crisantemos. Su cultivo, relativamente limitado, quizá se deba a que se piensa que son costosas, lo que no es cierto, por lo menos para las especies más comunes, si se comparan con otras plantas de interior. Muy probablemente, el aura exótica de las orquídeas ha impedido que sean tan populares como se merecen, pues aparentan estar lejos de las posibilidades del aficionado que intenta cultivarlas con éxito en interiores.

Sin embargo, siempre que se observen unas sencillas reglas —y ciertas reglas fundamentales han de observarse con todas las plantas— una amplia gama de orquídeas puede hacerse florecer en interiores más fácilmente que la mayoría de las plantas de los trópicos lluviosos.

Las orquídeas se dividen en tres grupos: las epifíticas o semi-epifíticas, es decir, las que viven sobre otra planta, pero sus raíces toman su nutrimento de los elementos que las rodean, no de la planta soporte. Las saprofíticas, que toman su nutrimento de la materia vegetal descompuesta (están desprovistas de clorofila y tienen rizomas carnosos muy ramificados). Y, por último, las orquídeas aparentemente terrestres.

Las del tercer grupo viven principalmente en zonas templadas, y, como tienen muchas dificultades para cultivarlas en interior, han sido omitidas aquí. El segundo grupo, que es pequeño, es tan semejante al primero que no es necesario comentarlas por separado.

Por tanto, casi todas las orquídeas que pueden cultivarse con éxito en interior son epifíticas o semi-epifíticas. Están unidas a los árboles en los bosques tropicales y echan raíces externas, que toman los nutrientes necesarios para su crecimiento de la atmósfera y de las partes vegetales vivas y muertas que las rodean, así como de su asociación con hongos de la corteza de la planta huésped, almacenando con frecuencia las sustancias asimiladas en seudobulbos. Inmediatamente se dará uno cuenta de que el tratamiento convencional de las plantas de maceta, para una orquídea epifítica, es muy distinto a las condiciones naturales de su medio. Sin embargo, estas orquídeas se adaptan con facilidad a las nuevas condiciones. En verdad, es posible simular sus condiciones naturales cubriendo las raíces con una mezcla especial, que consiste básicamente en fibra de raíces del helecho osmunda, cortada, y musgo de sphagnum con otras sustancias añadidas (1) e introduciendo el conjunto en una malla delgada en forma de saco. Este método sólo será satisfactorio si el ambiente es muy húmedo, de lo contrario la mezcla se desecará rápidamente. Las plantas también pueden cultivarse en macetas ordinarias, lo que se hace con frecuencia. Debe usarse la mezcla de suelo citada. Se debe vigilar atentamente la aireación y el drenaje de la misma, añadiendo gravilla. En los Estados Unidos se utiliza mucho la corteza de abeto desmenuzada para colocar en tiestos las especies epifíticas.

He aquí la primera de las reglas: las raíces de las orquídeas *deben* estar bien aireadas y drenadas en el abono compuesto apropiado para orquídeas.

(1) Sander, en su obra *Orchids and their Cultivation*, 7.ª edición, 1969, da instrucciones detalladas para los principales grupos de orquídeas. El aficionado, sin embargo, puede limitarse a una mezcla para cymbidium y a otra mezcla más porosa para las orquídeas verdaderamente epifíticas. Ambas mezclas se pueden obtener en los comercios del ramo.

199. *Oplismenus hirtellus variegatus*

200. *Cymbidium* «Vieux Rose»

201. *Dendrobium nobile* «Virginale»

202. *Coelogyne ochracea*

199

200

201

202

Las otras reglas son sencillamente las mismas que se aplican para la mayoría de las plantas de flor de los trópicos lluviosos. El suelo compuesto debe estar húmedo, pero no empapado. Precisamente porque el suelo compuesto de las orquídeas está o debe estar bien aireado, tenderá a secarse más rápidamente que el medio utilizado para otras plantas de maceta. Por ello, es necesaria una atención frecuente para asegurar un correcto balance de agua. Las macetas nunca deben dejarse en el agua más de una hora (se riegan mejor desde el fondo dejándolas en el agua, porque al ser el medio muy poroso es incapaz de retener el agua suficiente); se exceptúan ciertas orquídeas que tienen un período de reposo, éstas deben estar casi totalmente en seco. El aire debe estar lo más húmedo posible, pues se beneficiarán las raíces y las hojas, resultando las flores más duraderas. Sin embargo, la humedad que requieren muchas orquídeas no es excepcional.

Las orquídeas necesitan buena ventilación, pero no corrientes de aire. Precisan un abono moderado y debe dárseles un fertilizante general cada tres riegos durante la época activa. El abono de pescado y su extracto pueden tener un efecto espectacular sobre el tamaño y número de flores de cymbidium, y probablemente de la mayoría de las otras orquídeas (1). También puede dárseles nutrición foliar. Sin embargo, es importante no excederse en la fertilización de las orquídeas, de lo contrario las hojas crecerán demasiado a expensas del resto de la planta, y en casos extremos aparecerán manchas negras en la base de las hojas donde se ha acumulado el abono sobrante.

La mayoría de las orquídeas deben tener la máxima iluminación posible, pero deben protegerse de los rayos directos del fuerte sol.

En cuanto a la temperatura, se dividen en tres grupos:

1.º. *Frías.*—Las que necesitan una temperatura mínima de 10° C (50° F) o menos en algunos casos; deben alcanzar 15° C (59° F) o algo más en la época más activa.

2.º. *Intermedias.*—Las que deben tener un mínimo de 15° C (59° F) o algo menos, durante la noche, en el invierno. Necesitando entre 20-25° C (68-77° F) durante el día en la estación activa.

3.º. *De invernadero.*—Las que precisan un mínimo de 20° C (68° F) y un máximo de 30° C (86° F) durante el día en la época activa.

Las más aptas para ser cultivadas en interiores son las del grupo intermedio. Comprende una amplia gama de bellas plantas, como el magnífico *Angraecum sesquipedale*, «estrella de Navidad», con grandes flores de hasta 15 centímetros de ancho, blancas, fragantes, parecidas a estrellas, que tienen espolones o nectarios de unos 30 centímetros de largo; o como la diminuta *Masdevallia obrieniana*, con menudas flores verdes, manchadas de parduzco, que no es muy difícil de cultivar con éxito.

Además, las reglas de cultivo de las orquídeas son relativamente fáciles de seguir, lo que no ocurre con otras muchas plantas de interiores, pues por su capacidad de almacenamiento de agua hace que no necesiten regarse en un momento determinado (puede variar el intervalo del riego en unos cuantos días sin perjuicio, especialmente si la planta no está en flor. Algunos, como los cymbidium, pueden sobrevivir incluso sin cuidados). Otras ventajas para el cultivador son: la larga vida de muchas flores (más de un mes en algunos casos, y con frecuencia más), la pequeñez de muchas plantas y el hecho de que algunas florezcan en invierno (2).

Naturalmente, es mejor comenzar con orquídeas que sean conocidas por su facilidad de cultivo, pero aquí también hay casi un «*embarras de richesse*». El mejor grupo para elegir es la amplia y magnífica gama de los híbridos de cymbidium —se han desarrollado durante los últimos setenta años de ciertas especies—, en particular de *Cymbidium jansonii*, *C. eburneum*, *C. insigne* y *C. lowianum*. El resultado es una abundancia de magníficas plantas, con largas espigas de flores grandes en numerosos colores y matices, que van desde las más sorprendentes combinaciones hasta el amarillo o el rosa pálido puro.

Algunos pueden considerar a los cymbidium demasiado llamativos, en este caso están también los dendrobium y coelogyne, con graciosas flores, generalmente blancas. Tal es el caso de *Dendrobium kingianum*, con «salpicaduras» de flores pequeñas, deliciosamente fragantes, de color rosa, violeta o púrpura, y su igualmente atractiva variedad *album*, u otra color blanco marfil con el centro naranja, *D. infundibulum*. También coelogyne, como *Coelogyne cristata* y *C. ochracea* (ésta es fragante); la delicada *Odontoglossum rossii* (de color blanco con manchas pardas). En contraste está la encantadora miniatura *Sophronitis coccinea* (sinónimo *S. grandiflora*), con flores rojo anaranjadas y matiz color humo; la encantadora *Vanda caerulea*, con flores azul intenso (un color muy raro en las orquídeas), o la exótica *Zygopetalum mackaii* y otras especies o variedades afines, muy fragantes, generalmente con sorprendentes pétalos verdes, manchados de pardo, con bordes púrpura y blanco.

También hay un gran grupo de paphiopedilum (antes conocidas como cypripedium), cattleyas, con numerosos híbridos magníficos, y las miltonia. Hay muchas más especies.

El único cuidado particular que necesitan las orquídeas, aparte de la observancia de las reglas de cultivo, es mantenerlas libres de enfermedades y trasplantarlas cuando lo necesiten. Los pulgones y el ácaro rojo pueden atacarlas; algunas, desgraciadamente, son muy propensas al virus del tabaco, que se propaga por la planta del tabaco y destruye las nerviaciones de las hojas de los cymbidium.

El trasplante sólo es complicado porque todavía hay alguna controversia sobre si deben o no permanecer en tiestos; «deben» se interpreta en el sentido de favorecer el desarrollo sobre una superficie, porque nada hay perfecto fuera de las condiciones naturales. Por ejemplo: los cymbidium, que generalmente crecen poco cuando están en macetas, florecen soberbiamente cuando están fuera de ellas. Por el contrario, ciertos dendrobium parece que prosperan mejor cuando están sembrados en macetas, aunque esto puede ser un caso de adaptación a las condiciones más que un carácter propio de la planta. Nosotros preferimos no ponerlas en macetas.

(1) Agradecemos al Sr. J. S. Pirie, de Aguila Farm, Hamilton, Massachusetts, por habernos indicado primeramente este hecho, que posteriormente ha sido confirmado.

(2) Algunas de las más seguras en este aspecto son *Coelogyne cristata*, *Dendrobium kingianum*, algunos paphiopedilum y la mayoría de los cymbidium.

203. *Zygopetalum mackaii*

204. *Paphiopedilum* Sir Redvers Buller (izquierda)
Millonia Angustine (derecha)

205. *Paphiopedilum* «Alma Gaevert»

206. *Cattleya* «Catherine Subod»

203

204

205

206

Cuando se trasplanta una orquídea deben separarse todas las raíces muertas, que tienen una consistencia coriácea y se distinguen con bastante facilidad de las vivas, que son generalmente blancas y rollizas. También debe tirarse el antiguo «compost». Esto debe aplicarse en particular a los cymbidium, cuyas raíces viven solamente unos dos años. Deberán trasplantarse cada dos años, pero no es preciso hacerlo en macetas mayores. Las orquídeas no deben permanecer mucho tiempo en la misma maceta, porque el suelo en el que están las raíces inactivas se vuelve ácido y porque la mayoría de las orquídeas epifíticas tienen escasas raíces.

Por último, resaltaremos que aquí sólo hemos dado unas normas generales. Las orquídeas tienen tal interés y proporcionan tan gran placer que vale la pena comprar una o varias de las excelentes monografías sobre las mismas para conocer detalladamente la materia (1).

(1) Por ejemplo: John W. Bowers, *Orchids*, Londres, 1962; David Sander, *Orchids and their Cultivation*, Londres, 7.ª edición, 1969; Rebecca T. Northern, *Home Orchid Growing*, Nueva York, edición revisada, 1969; Harry B. Logan, *Orchids You Can Grow*, Nueva York, 1971.

Osmanthus

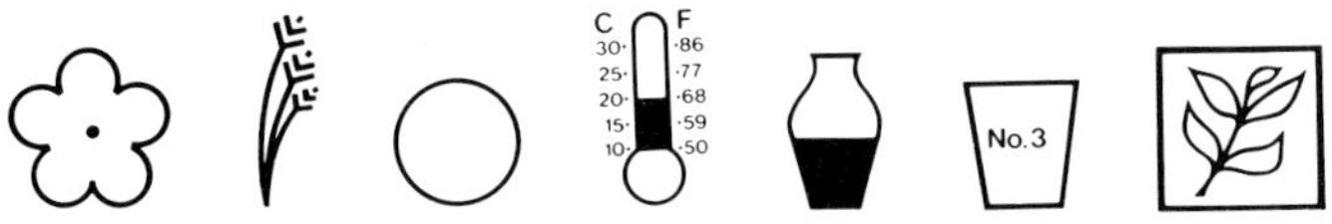

Arbustos perennifolios que cuando jóvenes constituyen deliciosas plantas de interior. Tienen flores pequeñas, abundantes, de color blanco o crema y, generalmente, son fragantes. Algunas especies tienen bayas de color azul negruzco.

Osmanthus delavayi florece en abril; *O. fragrans* florece más tarde y tiene un intenso aroma; la variedad *rotundifolius*, de *O. heterophyllus* (sinónimo: *O. ilicifolius)*, es enana y florece al final del verano.

Oxalis

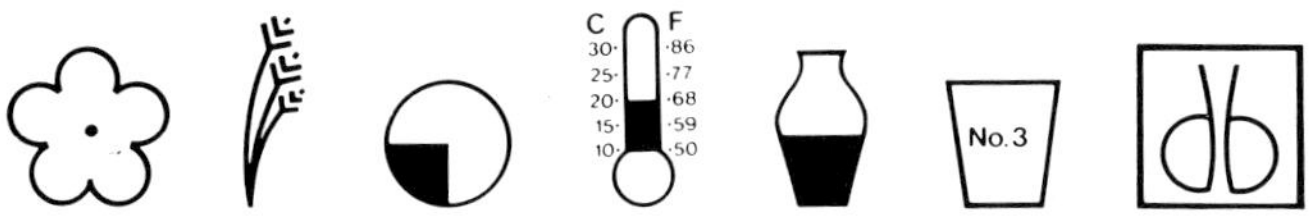

Un extenso género con varias especies de crecimiento débil que florecen abundantemente y ocupan poco espacio. Muchas son resistentes y pueden desarrollarse a la intemperie. Muchas veces se multiplican demasiado y han de tratarse como si fueran malas hierbas de los cultivos. A pesar de ello, se recomiendan aquí, porque sus hojas y sus flores son bonitas y los períodos de floración de las distintas especies se suceden a lo largo de casi todo el año. Las hojas con frecuencia están en roseta y son similares a las hojas del trébol. Las flores pueden ser rojas, amarillas, blancas o lilas, frecuentemente dispuestas en umbela.

Oxalis adenophylla tiene rosetas de hojas verde-grisáceas, y en primavera, delicadas flores lila-rosas y blancas. *O. cernua*, «acedera amarilla», tiene brillantes flores amarillas en la primavera, que a veces continúan durante todo el verano. *O. deppei* tiene flores rojas en primavera y verano. *O. enneaphylla* tiene grandes flores blancas, fragantes, con un bonito tinte verde en su centro, florecen desde la primavera a comienzos del verano. *O. variabilis* varía en el color de sus flores, que pueden ser blancas o rojas con el tubo amarillento. Florece desde octubre a diciembre.

Algunas especies se multiplican rápidamente y por ello deben estar bajo control. Cuando caen las flores y las hojas tienen un período de inactividad, entonces deben colocarse en un lugar más fresco y con algo de humedad.

207

207. *Osmanthus delavayi*

208. *Oxalis adenophylla*

208

Pachystachys

Pachystachys lutea, con sus prominentes espigas de brácteas amarillas, tiene cierto parecido con *Aphelandra squarrosa*, con la que está relacionada, pero su consistencia es menos rígida y en conjunto es una planta mucho más grácil.

Las pequeñas flores blancas teñidas de púrpura que surgen de las brácteas forman un atractivo contraste, pero no duran mucho.

Necesitan el tratamiento normal para las plantas de los trópicos lluviosos.

Palmeras

Las palmeras (por lo menos en Gran Bretaña) se relacionan siempre con los vestíbulos de los hoteles de la época Eduardiana. De todas formas sería conveniente no dejarse llevar de los prejuicios, porque la mayoría de ellas tiene una hermosa simetría, y contribuyen, cuando están en una habitación, a evocar los cielos azules y el sol, tan lejanos.

Es más, un gran número de palmeras se aclimata muy bien a las estrictas condiciones de interiores que son frecuentes en los países nórdicos. Esto significa que pueden vivir en un ambiente seco y caliente, así como a una temperatura inferior a 10° C (50° F). Son muy resistentes a las plagas y enfermedades.

Pueden plantarse en un abono compuesto del núm. 3 o en una parte de arcilla, una parte de arena fina y una parte de turba, más algo de carbón añadido a la maceta.

Sus sencillas necesidades son: riego moderado durante todo el año y un suelo más bien ácido; les van bien algunas dosis periódicas de sequestreno (quelato de hierro) y de sulfato potásico.

Aunque la mayoría de las palmeras se harán muy grandes, muchas tienen un crecimiento lento, y por ésto no necesitan demasiado espacio.

Entre los numerosos géneros y especies a elegir pueden mencionarse los siguientes: *Butia leiospatha;* enana, pero con hojas de unos 90 centímetros de largo; *Chamaedorea glaucifolia*, que florece cuando alcanza por lo menos 90 centímetros de altura; *C. ernestii-augustii* (sinónimo *Elentheropetalum ernestii-augustii)*, con hojas grandes, parcialmente divididas, y *C. radicalis;* los tres anteriores muy graciosos; *Chamaerops humilis* tiene bonitas hojas palmeadas; *Collinia elegans* (sinónimos: *Chamaedorea elegans*, *C. pulchella*, *Neanthe elegans)* es un árbol con el tronco verde, dentado; *Dictyosperma album*, con hermosas hojas pinnadas muy finas; los phoenix, en particular *Phoenix dactylifera*, la «palmera datilera», y *P. pusilla; Rhapis cochinchinensis; Syagrus weddeliana* (sinónimo *Cocos weddeliana)*, una pequeña planta muy graciosa, con hojas pinnadas, delicadas y arqueadas; *Trithrinax acanthocoma*, de tallo enano; *Washingtonia filifera*, con curiosos filamentos blancos que cuelgan del borde de las hojas.

El mejor método de multiplicación es por semilla, que, a pesar de estar en cama caliente, necesitará algunas semanas para germinar.

Pandanus

Un extenso género de plantas leñosas, perennes, con largas y puntiagudas hojas, algo parecidas a las de *Dracaena deremensis*, excepto en que sus hojas son generalmente dentadas en los bordes y en la cara inferior a lo largo del nervio medio. Crecen en espiral a partir del eje central.

Pandanus veitchii tiene hojas espinosas de color verde oscuro, de unos 60 centímetros de largo, con bordes plateados o blancos. *P. lindenii* tiene hojas más largas con vetas pálidas. *P. graminifolius* y *P. pygmaeus* son las especies menores, alcanzando escasamente 60 centímetros de altura, con hojas de 30 a 45 centímetros de largo.

Los pandanus deben tratarse de forma parecida a las dracaenas (ver éstas). Es importante que el agua no permanezca en las axilas de las hojas durante el período inactivo, pues pueden originar pudrición. Durante este período deben permanecer en un lugar seco.

Las plantas se multiplican por formación de renuevos a partir de raíces aéreas. Pueden separarse y plantarse en distintas macetas.

210

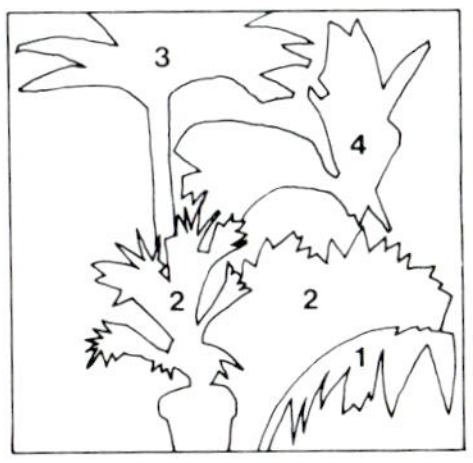

209. *Pachystachys lutea*

210. Varias *Palmeras:*
Dictyosperma furfuraceum (1)
Chamaerops humilis (2)
Phoenix loureirii (3)
Phoenix lanceana (4)

211. *Pandanus veitchii*

209

211

Paphiopedilum — ver ORQUIDEAS

Passiflora

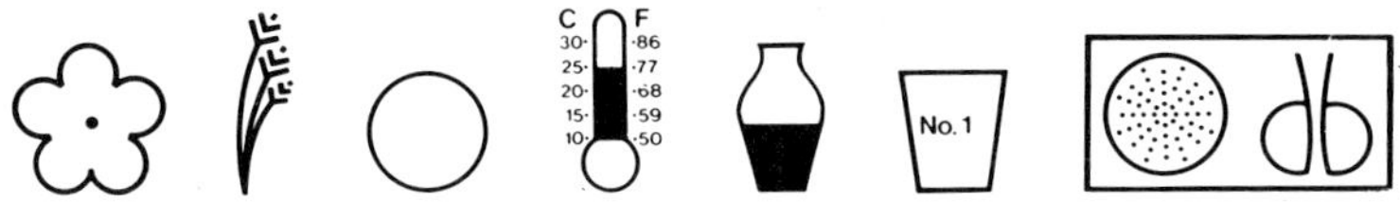

Las «pasionarias» son lianas tan trepadoras que están mejor en un invernadero donde dispongan de amplio espacio para extenderse. Las flores son tan espectacularmente bellas (y las hojas y los frutos también son atractivos) que es imposible excluirlas, pensando en los que dispongan de espacio suficiente. Pueden podarse en espaldera drásticamente, para adaptarlas al espacio disponible. En cualquier caso, deben eliminarse los zarcillos superfluos, porque se enroscan alrededor de las flores y las deterioran.

Es bien sabido que estas plantas deben su nombre a la semejanza de las distintas partes del ginóforo central de sus flores con los atributos de la crucifixión, semejanza encontrada por los primeros misioneros de América del Sur.

Passiflora caerulea es la especie más popular, tiene pétalos blancos y su corona es de color azul, blanco y púrpura. Otras especies de interés son: *P. actinia*, la más fragante, con pétalos blancos y llamativa corona blanca, roja y azul; *P. amethystina*, con pétalos de color azul brillante y corona púrpura intenso; *P. antioquiensis*, con bonitos pétalos de color rojo rosado, y corona violeta; *P. racemosa*, con atractivos sépalos y pétalos de color carmesí rosado y corona púrpura, blanca y roja. También tenemos *P. cuadrangularis*, que tiene hermosas flores grandes (con pétalos blanco rosáceos y corona azul, rojo purpúrea y blanca) y un delicioso fruto, que madura si tiene bastante luz y calor.

Las «pasionarias» no deben plantarse en suelos muy ricos, pues ésto acarreará una superabundancia de follaje y no florecerán. Deben disponer de mucha luz.

Muy probablemente las atacará el gorgojo de la harina, debiendo ser tratadas inmediatamente, pues puede causar mucho daño.

Se pueden multiplicar fácilmente por acodo y semilla.

Pelargonium

Los pelargonium, llamados erróneamente «geranios», han perdido la popularidad que tenían en la época Victoriana, en parte a causa de estar muy vistos y también por su presencia en macizos de flores de los parques públicos. Sin embargo, hay plantas muy atractivas y vistosas, cuyas diferentes especies e híbridos ofrecer una gran variedad de tamaños, formas y colores. Muchas florecen durante varios meses y algunas tienen hojas de agradable aroma.

Los pelargonium comprenden tres grandes grupos: los pelargonium del grupo «zonale» (que incluye los tipos abigarrados, con hojas de manchas «caprichosas»), los pelargonium «regal» y los pelargonium de «hoja de hiedra»; además, hay las variedades de hoja aromática, cuyas flores no son normalmente muy impresionantes, pero a las que caracteriza su aroma embriagador. También tenemos las miniaturas o «ángeles», que constituyen una delicada y colorida muestra, para los que no tienen espacio para plantas de gran tamaño.

La característica que distingue al grupo zonale, *Pelargonium × hortorum*, es una zona más oscura en forma de herradura, que transcurre a través de las hojas. Florecen casi continuamente durante todo el año, sin un período marcado de reposo. El rojo es el color dominante, y lo normal son las flores sencillas. Sin embargo se han obtenido formas dobles, pudiendo variar los colores desde el blanco, rosa, anaranjado, escarlata y carmesí hasta el magenta. Las flores con frecuencia tienen puntos blancos, o nervios más oscuros. Las formas de flores color magenta suelen florecer antes que las de color escarlata. Varias especies han tomado parte como padres en la formación del híbrido *P. × hortorum*, incluyendo *P. inquinans* y *P. zonale*.

Son fáciles de cultivar y merecen que se las vuelva a apreciar.

El grupo «regal», *P. × domesticum*, es un grupo híbrido, en el que las especies son más arbustivas que las del grupo zonal, que son erectas con tallo grueso. Sus hojas son de color más oscuro, sin zonas y, a veces, tomentosas. La diferencia principal está en las flores, que son más grandes, más vistosas y con frecuencia dobles. El color predominante es el malva, a veces manchado, abigarrado o listado en un tono más oscuro. Una desventaja de los pelargonium «regal» es que tienen un período de inactividad en invierno. Florecen a principios del verano.

Los pelargonium de «hoja de hiedra» probablemente son el resultado del cruce entre *P. peltatum* y otras especies. Tienen menos flores en cada cima, y sus colores son más oscuros con respecto a los «regal» que los zonales, variando desde suaves matices del lavanda y malva hasta rosa, cereza, salmón y escarlata. Florecen durante todo el verano y pueden continuar haciéndolo durante el invierno si tienen suficiente iluminación. Los pelargonium de «hoja de hiedra» tienen hábito más extendido que los otros y, por tanto, son especialmente aptos para cestillos colgantes.

Los esquejes de todos los pelargonium se obtienen con facilidad (excepto los de las «miniaturas», que son más delicadas). Los vástagos deben ser vigorosos y tendrán tres o cuatro nudos por lo menos; el corte debe ser limpio y prac-

212

213

214

215

212. *Passiflora caerulea*

213. *Pelargonium × hortorum* «Gazelle»

214. *Pelargonium × domesticum* «Carisbrooke»

215. *Pelargonium peltatum* «L'Elegante»

ticado justamente debajo del nudo inferior; entonces se quitarán las hojas inferiores, dejando únicamente una o dos de las más próximas al ápice. Los esquejes se introducirán en una mezcla de arena y turba, bien con arcilla o sin ella. En este período no es preciso abonar. Una vez enraizados, deben trasladarse a una mezcla de abono compuesto del número 3, para que se desarrollen. Los esquejes para plantas que florecen en verano es mejor tomarlos en septiembre, y para los zonales de floración invernal, en marzo-abril. En este último caso debe quitarse cualquier yema floral que se forme antes de octubre; esto debe hacerse siempre, hasta que se haya desarrollado un buen ejemplar. Después de la floración, pueden podarse fuertemente hasta unos 10 centímetros del suelo, para formar plantas compactas y pequeñas.

Los pelargonium prefieren mucha luz y aire puro, y una temperatura media de unos 15° C (59° F). Desgraciadamente, son propensos a numerosas enfermedades, de las que la más fatal es el ennegrecimiento, un reblandecimiento de la base de los tallos, debido principalmente al exceso de humedad. Deben regarse espaciadamente, y estar muy bien drenados. Pueden tolerar largos períodos de sequía. Deben vigilarse del ataque de la mosca blanca y de los aphidos.

Pellionia

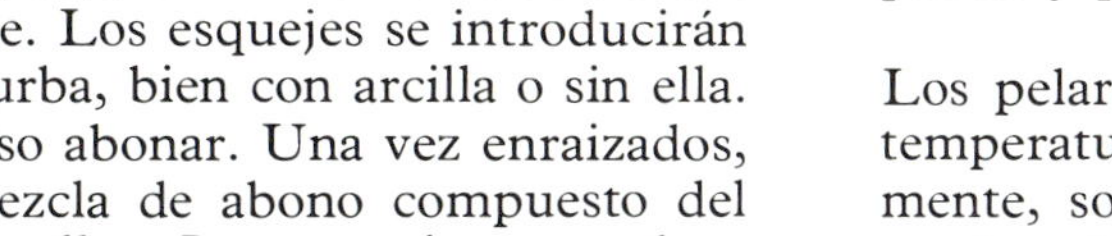

Principalmente son plantas de follaje, de las que merecen destacarse dos especies rastreras: *Pellionia repens* (sinónimo *P. daveauana)* y *P. pulchra*. La primera tiene hojas ovales, de color verde broncíneo oscuro, tenuemente teñidas de violeta. La segunda es una planta más atractiva, que tiene hojas de color verde oscuro y nerviaciones con salpicaduras plateadas en el centro. Tiene flores pequeñas, verdosas, dispuestas en umbela.

Las pellionia necesitan las condiciones de los trópicos húmedos: una temperatura no inferior a 15° C (59° F) y mucha humedad. Prefieren la sombra.

Está fotografiada con *Dichorisandra*, en la lámina 98.

Peperomia

Género de pequeñas plantas crasas o semi-crasas, que se valoran en primer lugar por su follaje, aunque en algunas especies la inflorescencia, en forma de espiga o amento, mejora su aspecto y aumenta su interés. *Peperomia caperata*, en particular, tiene interesantes espigas carnosas de color blanco que se ramifican en el ápice, y contrastan fuertemente con el fondo de hojas acanaladas de color verde oscuro. Igualmente sorprendentes son las inflorescencias onduladas, en forma de cola de ratón, de color blanco, que surgen entre las frondosas hojas lisas de *P. obtusifolia* (de ésta hay una forma variegada cuyas hojas tienen salpicaduras irregulares de color verde sobre fondo amarillo). También *P. argyreia* (sinónimo *sandersii)*, que tiene frondosas hojas de color blanco plateado, terminadas en punta, con manchas verde oscuras, radiales desde las nerviaciones. *P. hederaefolia*, que, en contraste, tiene hojas más bien oscuras, acolchadas, de color gris verdoso (aunque las nerviaciones son de color verde más oscuro), y sólo es apropiada para formar parte de un grupo de plantas. Algunas peperomias tienen hábito rastrero, que las hace apropiadas para cestillos colgantes, lo que también ocurre con la liana *P. scandens*, algo parecida a *Philodendron scandens*, que presenta una forma variegada.

Las peperomias son casi epifitas y necesitan poco suelo. Deben regarse muy cuidadosamente desde arriba, y deben disponer de mucho tiempo para absorber toda el agua que necesiten, aunque no deben estar constantemente en ella. Por esto, es mejor dejar que la planta quede casi seca antes de regarla, luego debe dejarse durante una media hora en el agua, e inclinarla después para verter el agua sobrante.

Persea

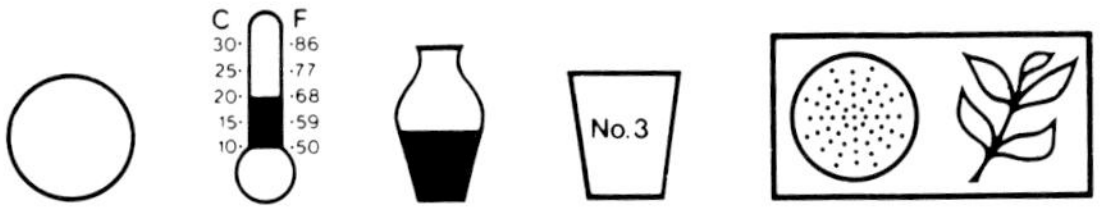

La única especie de este género que tiene interés para el cultivador de plantas de interior es *Persea gratissima* (sinónimo *Persea americana)*, el «aguacate». La razón de incluirla no es por ninguna cualidad en especial, sino porque es curiosa por crecer del hueso del fruto.

Si se planta el hueso o pepita en una maceta con la parte aguda hacia arriba, pronto surgirá un tallo con un dosel de hojas verdes, elípticas, que se pueden volver de color castaño en los bordes, si se ha dejado que las raíces se sequen demasiado. En su medio natural, los árboles alcanzan hasta 18 metros, pero en interior debe detenerse su desarrollo, desmochando el ápice del brote a una altura de 20 centímetros, para que pueda ramificarse. Es una pena que no fructifique cuando se cultiva en interior.

Phaeomeria – ver NICOLAIA

Pharbitis – ver IPOMOEA

217

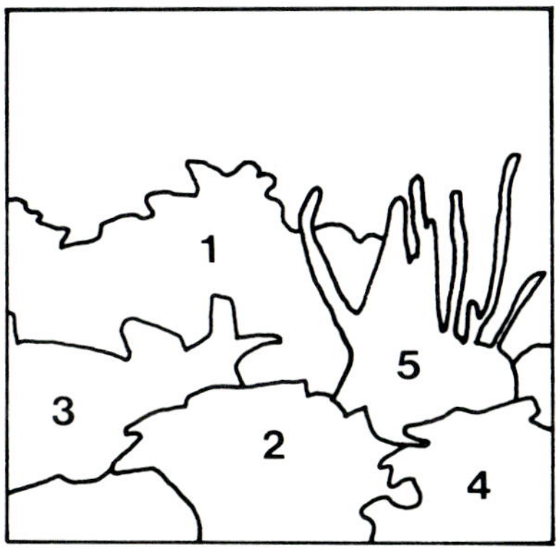

216. Varias *Peperomias:*
P. argyreia (1)
P. caperata (2)
P. obtusifolia variegata (3)
P. marmorata (4)
P. sandersonii (5)

217. *Persea gratissima*

216

Philodendron

El encanto y la resistencia de algunas especies de philodendron, justifican su preeminencia entre las plantas trepadoras de follaje; también hay atractivas especies de carácter arbustivo.

Los philodendron pueden dividirse en dos grupos. Por una parte, los que tienen hojas enteras, acorazonadas o aflechadas, como *Philodendron scandens* (a veces llamado *P. cordatum*). Es muy resistente y aunque responderán cumplidamente a los cuidados, teniendo un desarrollo vigoroso y danto hojas de color verde oscuro, brillantes, pueden resistir un abandono moderado, permaneciendo inactiva, aunque sus hojas serán menos turgescentes. Desarrolla raíces aéreas desde los nódulos foliares, por ello es conveniente que esté en una superficie rugosa con Sphagnum, para que las raíces puedan adherirse.

En este grupo también se encuentra *P. melanochrysum*, que es la forma juvenil de *P. andreanum;* tiene hojas mayores, de color verde oscuro, con nerviaciones más pálidas; las hojas, con una iluminación apropiada, tienen aspecto atornasolado. Al mismo grupo pertenece *P. erubescens*, con grandes hojas aflechadas de color rosáceo, cuando jóvenes, que tornan después a verde oscuro, con un admirable brillo natural; *P. ilsemanni* tiene hojas variegadas; *P. wendlandii* tiene largas hojas lanceoladas (esta especie no es trepadora). Hay otras muchas.

El mejor ejemplo del segundo grupo es *P. bipinnatifidum*, que tiene grandes hojas profundamente hendidas, parecidas a las de monstera. También están *P. elegans*, que es muy robusta, con hojas más delicadas, y *P. laciniatum;* estas dos últimas son trepadoras. Hay otras, incluyendo el híbrido *P.* × *rubris nervis*, con hojas oscuras de color verde brillante y nerviaciones rojas.

Hemos indicado que algunas especies de Philodendron son bastante resistentes, pero debe recordarse que todas proceden de Sudamérica tropical; por tanto, medran mejor en condiciones similares a las de esa zona. A todas les favorece, y algunas lo precisan, un alto grado de humedad, temperatura elevada y mucha iluminación.

Los esquejes de tallo con tres nudos o vástagos apicales, tomados de plantas adultas, enraizan fácilmente en cama caliente.

Phoenix — ver PALMERAS

Phyllanthus *nivosus* — ver BREYNIA

Pilea

La única especie de este género inconspicuo que merece nuestra atención es *Pilea cadierei*, que tiene atractivas hojas puntiagudas de color verde oscuro, salpicadas de plata. Los vástagos deben cortarse por completo, para obtener una mata compacta. *P. microphylla* (sinónimo: *P. muscosa*) es más pequeña, pero tiene la particularidad de que lanza una nube de polen, si se sacude, cuando las pequeñas flores están abiertas; de aquí sus nombres vulgares en inglés: «Artillery Plant», «Gunpowder Plant» y «Pistol Plant».

Las pileas son resistentes y, por lo común, no causan molestias. Deben abonarse con regularidad para mantener el color de las hojas.

218

218. *Pilea cadierei* «Nana»

219. *Philodendron scandens*

219

Piper

Este género comprende *Piper nigrum*, la «pimienta negra»; pero la única especie que tiene interés como planta de interior es la liana *P. ornatum*, que tiene hojas algo grandes, acorazonadas, de color verde brillante, salpicadas de color rosa en las nerviaciones.

Aunque toleran la sombra, el colorido de las hojas será más vivo si hay mucha luz. Debe tenerse mucho cuidado de que la temperatura no baje de 15° C (59° F) o caerán las hojas y puede morir la planta. Prefieren humedad, y como producen raíces en los nudos foliares estarán mejor si se colocan en una superficie cubierta con musgo sphagnum.

Pittosporum

Es un género bastante extenso de árboles o arbustos perennifolios, algunos de los cuales proceden de Australia y Nueva Zelanda. Estos pittosporum, son atrayentes plantas de interior, porque sus peqeñas flores, que con frecuencia aparecen en racimos y florecen durante el invierno, tienen una deliciosa fragancia.

Recomendamos *Pittosporum bicolor*, *P. cornifolium* (que huele a almizcle) y *P. patulum;* todas tienen flores en varios tonos de rojo; y *P. eugenioides*, con flores amarillas, aunque hay otras especies que merecen la pena tenerlas.

Platycerium — ver HELECHOS

Pleiospilos — ver MESEMBRYANTHEMUM

Plumbago

Plumbago auriculata (sinónimo: *P. capensis*) sólo justifica su inclusión en este libro porque su régimen de crecimiento es desordenado, aunque está mejor a la intemperie durante el verano (desde junio a octubre) que si permanece en interiores, por que precisa mucho sol y únicamente necesita protección contra el frío.

Las hemos incluido para que puedan gozar de ellas los que no dispongan de jardín, por la belleza de sus flores de color azul pálido, parecidas a las de flox, que aparecen en abundancia desde junio a noviembre. Sin embargo, se adaptan muy bien a un invernadero pequeño. Es una planta fácil para interiores y le va bien el aire seco; necesita mucha luz, calor y riego durante la época actica. Hay una variedad, *alba*, cuyas flores blancas son menos bellas que las azules. *P. auriculata* crece mucho y rápidamente se dispersa, pero puede podarse según se desee. Algunas plantas crecen hacia arriba, pero otras tienen a extenderse, pudiendo usarse para cestillos colgantes.

Las plantas no deben ponerse a la intemperie muy al principio del verano, porque las hojas débiles se dañarán y morirán. En ciertas condiciones, *P. auriculata* es semidecidua, y por ello pierde las hojas viejas durante el invierno, al mismo tiempo que se desarrollan otras nuevas. Las hojas muertas deben retirarse de la planta.

P. auriculata puede multiplicarse por vástagos con raíces procedentes de la base de la planta o por esquejes de plantas casi en sazón.

P. rosea es un arbusto elevado, con flores parecidas a las de la anterior, de color rosa carmesí intenso. Aunque nosotros no creemos que tenga la belleza de las flores de color azul puro de *auriculata*, tiene la ventaja de florecer en invierno. Necesita más temperatura que *P. auriculata* y no debe dejarse a la intemperie durante el verano.

220

222

220. *Piper ornatum*

221. *Pittosporum crassifolium*

222. *Plumbago auriculata*

223. *Polyscias balfouriana* con *Vriesia simplex*

221

223

Polypodium — ver HELECHOS

Polyscias

Algunos de éstos arbustos o árboles tienen un misterioso atractivo para mucha gente, a juzgar por lo que se venden en Nueva York y en otros lugares.

Como plantas de follaje no tienen la belleza de forma de una *Dracaena marginata* o una *Schefflera actinophylla*, ni tienen hojas tan bellas como otras muchas; sin embargo, tienen un extraño atractivo. Proceden de las islas del sur del Pacífico y del sureste de Asia, y cuando son jóvenes tienen tallos o troncos pálidos, francamente erguidos, regulares, con la particularidad de presentar lenticelas parecidas a cicatrices; pueden presentar un aspecto retorcido en varias direcciones, lo que les da su atractivo. En *Polyscias balfouriana* y *P. paniculata* saldrán de los tallos grupos de hojas de corto pedúnculo. En *P. filicifolia*, los pedúnculos son bastante largos.

Estas plantas son muy decorativas en una habitación amplia y de ambiente moderno. También dan variedad a un grupo de plantas.

Como su medio natural indica necesitan las condiciones de los trópicos lluviosos.

Primula

Es un género muy extenso y delicioso, que comprende más de quinientas especies, principalmente alpinas, que proceden del norte de la zona templada y de las que solamente algunas son adecuadas como plantas de interior. Estas tienen grandes ventajas porque no necesitan mucha luz ni mucho calor, y gustan al verdadero aficionado a la jardinería porque se cultivan mejor de semilla. Deben tratarse como plantas anuales.

Las especies más adecuadas para interiores: son: *Primula malacoides*, con grandes flores que varían de color, desde el carmín al lila y blanco; *P. obconica*, de muchas tonalidades de color, por ejemplo: carmín, malva, azul o blanco, y *P. sinensis*, que también tiene una amplia gama de colores, desde el escarlata brillante al blanco, pasando por el malva. Una de las flores de primavera más puras y agradables (aunque es más grande y tardía que otras especies) es el híbrido, de dudoso resultado, *P.* × *kewensis*, que tiene flores amarillo brillantes, exquisitamente aromáticas.

Las semillas deben sembrarse a finales de mayo o, en el caso de *P. malacoides*, a finales de junio o a principios de julio, para que florezcan a final del invierno o principios de la primavera siguientes; la sementera, desde luego, puede variarse con el fin de tener una sucesión de flores más larga. Debe utilizarse un germinador especial o un abono compuesto similar. Es mejor sembrar en cajas o tiestos a la intemperie, cubiertos con vidrio hasta que germinen. Las plantas jóvenes son propensas a la marchitez y debe regarse con la mezcla «Cheshunt Compound» (2 partes de sulfato de cobre, 11 partes de carbonato amónico, diluyendo unos 30 gramos en 9 litros de agua) o un fungicida similar en la época de la siembra. Las plantas deben repicarse tan pronto como sea posible y trasladarlas a macetas individuales (o varias en un tiesto grande). Se usará un suelo compuesto del número 3. Tendrán mucha humedad y un ambiente fresco y aireado, y no debe darles la luz solar directa. Se quitarán de la intemperie ante cualquier peligro de heladas y se mantendrán a una temperatura de unos 10° C (50° F), aunque *P. obconica* necesita algo más de calor.

Desgraciadamente, las Primulas son propensas a varias enfermedades producidas por hongos, que causan el moteado de las hojas o su pudrición. En el primer caso se separarán las hojas y se destruirán; en el segundo se tratarán las plantas con el «Cheshunt Compound». También pueden ser víctimas de ciertas enfermedades virásicas, que causan achaparramiento y amarilleo de las hojas. En cuanto aparezcan estos síntomas, la planta infectada debe ser destruida. También puede atacarlas el gorgojo de la vid; en este caso, el mejor remedio es Gamma-BHC.

Las prímulas producen dermatitis a algunas personas, por ello las de piel sensible deben usar guantes cuando las manejen.

Prostanthera

Es un genéro de atractivos arbustos procedentes de Australia que, con frecuencia, tienen un delicioso aroma en las flores y hojas. Los delicados racimos de pequeñas flores, generalmente acampanadas, son muy profusos, y tienen tono de color azul violeta, malva, rosa o blanco. Además, aparecen al final del invierno o principios de la primavera, cuando hay relativamente pocas flores.

Prostanthera lasianthos, *P. ovalifolia*, *P. rotundifolia* y *P. sieberi* son las mejores especies.

Algunas especies mejorarán con una poda muy fuerte. Tienen tendencia a ahilarse.

Pseuderanthemum

Es un género de graciosos arbustos de flor. *Pseuderanthemum malaccense* tiene largas espigas terminales de flores delicadas, de color lavanda, levemente moteadas en rojo. Las de *P. tuberculatum*, igualmente delicadas, son sencillas y de color blanco. Ambas especies florecen en abundancia.

P. malaccense debe desecharse después de cada temporada; los esquejes pueden tomarse en cualquier época desde marzo a junio, para que florezcan al año siguiente y deben recortarse desde abajo para que tomen buena forma.

224

224. *Primula malacoides*

225. Varias *Primula obconica*

226. *Primula* × *kewensis*

227. *Prostanthera ovalifolia*

228. *Pseuderanthemum tuberculatum*

225

226

227

228

Pteris — ver HELECHOS

Punica

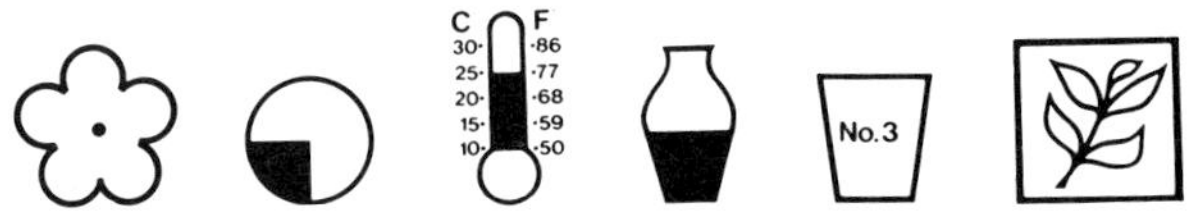

Punica granatum el «granado» y, especialmente su forma *nana*, son unas atractivas plantas de interior. Es muy llamativo su follaje de color verde vivo, de aspecto delicado, y duran una larga temporada sus flores de color rojo anaranjado brillante y sus frutos, las granadas. Tienen tendencia a perder sus hojas en invierno, pero si tiene suficiente luz y humedad puede conservarlas.

Los renuevos, especialmente si la planta ha sido podada para que mantenga su forma, suelen ser muy abundantes, lo que perjudica el aspecto de la planta, por lo que deben entresacarse en la primavera.

Rebutia — ver CACTUS

Rechsteineria

Es un práctico miembro de la familia de las gesneriáceas, es tuberoso (los tubérculos de las plantas más viejas crecen mucho, hasta unos 30 centímetros o más). Puede cultivarse como las gloxinias (ver *Sinningia speciosa*). Las flores, generalmente, son de brillantes matices del rojo.

Rechsteineria cardinalis, que tiene flores algo parecidas en forma y color a las de *Salvia splendens*, puede ser forzada para que florezca casi todo el año, si se quitan los tallos floridos secos. Tiene un período de inactividad de algunos meses. *R. leucotricha* es otra atractiva especie, que tiene las flores en tonos de rosa o salmón más suaves.

Las hojas de estas plantas se pueden agostar si se exponen a la acción directa de los rayos solares.

Las rechsteinerias frecuentemente se cruzan con especies de sinningia, resultando algunos valiosos híbridos.

Rehmannia

Es un pequeño género de plantas perennes, procedentes de China y Japón, con flores exóticas en forma de trompeta.

Rehmannia angulata es una planta compacta, con flores de color púrpura rojizo, con motas amarillas en la parte inferior de su garganta. *R. glutinosa* también es compacta, con flores de color ante-amarillento y púrpura. *R. elata* es una planta más grande, cuyas flores tienen los bordes purpúreos con la garganta amarilla moteada de rojo. Debe tratarse como bienal. Existen unas diez especies y se han obtenido pocos híbridos.

No es una planta difícil y no le va bien una atmósfera fría y seca.

229

230

231

229. *Punica granatum nana*

230. *Rechsteineria cardinalis*

231. *Rehmannia glutinosa*

Reinwardtia

Hay dos especies en este género: *Reinwardtia indica* (sinónimo: *R. trigyna)* y *R. cicanoba* (sinónimo: *R. tetragyna)*. Ambas merecen cultivarse por que sus racimos de flores sencillas, bastante grandes de color amarillo, aparecen en invierno.

Las plantas jóvenes necesitan podarse a menudo para que tomen forma arbustiva. Para que medren deben estar a pleno sol y aireadas.

Los esquejes se deben tomar de vástagos casi maduros con el ápice desmochado. Es una operación fácil.

Rhapis — ver PALMERAS

Rhipsalidopsis — ver CACTUS

Rhododendron

El género *Rhododendron* comprende las azaleas, que constituyen una de las muchas series en que está dividido este género. La primitiva separación de las azaleas como deciduas y los rhododendros como perennifolios, no ha durado mucho. Es un inmenso género y tiene muchas especies aptas para ser cultivadas en interior.

Los arbustos tienen, por lo general, hojas oscuras o de color verde grisáceo, a veces con el haz brillante, a veces más o menos lanoso. Las mayores son ovales, afiladas gradualmente; las menores, generalmente redondeadas. Las flores son normalmente acampanadas o embudadas, dispuestas en racimos, y tienen tamaño variable. Suelen ser abundantes, a veces aromáticas, y su color varía desde el blanco al rojo intenso, pasando por distintos matices de amarillo, rosa, salmón y malva.

Rhododendron simsii es el origen de muchos híbridos deliciosos. Los de *R. edgworthii* son aromáticos. La hibridación de *R. ciliatum*, también ha producido algunas plantas de agradable aroma, como «Countess of Haddington» *(× dalhousiae)* y «Princess Alice» *(× edgeworthii)*. También existe el destacado «Fragrantissimum», un cruzamiento entre *edgeworhtii* y *formosum*. Entre las especies aromáticas es muy notable *R. maddenii*, con grandes flores blancas, a menudo con un matiz rosa; también la espléndida *R. lindleyi*, que tiene flores de color blanco puro. Entre los rhododendros (azaleas), forzados tempranamente para que florezcan en noviembre y diciembre, Rochford recomienda la variedad Petrick para flor blanca o rosa, la *ambrosiana* para flor rojo brillante y la «Princess Beatrix» para las de color salmón.
En los Estados Unidos hay otras series para elegir, y cada costa (Atlántica o Pacífica) tiene las especies, variedades e híbridos más adaptados a su área.

Principalmente por ignorar como tratar estas plantas, mucha gente encuentra que un bello ejemplar en plena floración se marchita a las venticuatro horas de su comienzo, perdiendo sus flores, yemas y hojas; de esto deducen que estas plantas son «difíciles». Esto no será así si se siguen unas cuantas reglas básicas, aunque debe señalarse que los rhododendros florecen naturalmente en condiciones totalmente distintas a las normales de los hogares. Muchos rhododendros, que se venden como plantas de interior, deben estar parcialmente a la sombra, aunque algunas especies menos corrientes necesitan buena iluminación para florecer; deben tener un suelo adecuado; estarán húmedos, pero bien drenados y también algo aireados; el ambiente no debe ser al mismo tiempo cálido y seco.

Si las macetas se dejan secar a la interperie, las plantas se marchitarán inmediatamente; entonces se debe sumergir la maceta durante cinco minutos en un recipiente con agua templada. Las plantas se secan tan rápidamente por la composición de su suelo. Para neutralizar el efecto dañino del ambiente seco, producido por la calefacción artificial, los tiestos deben colocarse en un recipiente lleno de guijarros, constantemente húmedos; también puede utilizarse turba húmeda. Rochford y Gorer (1) dan unos consejos muy útiles sobre cómo averiguar si una planta tiene el correcto grado de humedad. Lo ideal es que la línea húmeda en el tronco —que se distingue perfectamente de la zona seca— sobresalga algo más de 1 centímetro sobre la superficie de la tierra. Si la línea húmeda está más elevada, debe suspenderse el riego inmediatamente o empezará la putrefacción y las hojas se caerán.

Si la línea húmeda está por debajo de lo aconsejado, o no se ve (siendo estos dos casos los más frecuentes), la planta estará demasiado seca y debe regarse. Debe usarse el buen sentido para encontrar la línea húmeda; si el suelo está francamente húmedo, la línea debe estar muy alta; pero si el suelo esta seco y no hay signos de la línea de humedad, la conclusión de sequedad de la planta es obvia.

Los rhododendros no necesitan fertilización del suelo, aparte de un poco de turba periódicamente, para mantener la acidez del suelo, y la adición, cuando se trasplanten (operación que debe hacerse cada dos años), de carbón vegetal para mantener su frescura. Sin embargo, se benefician de los abonados foliares; de estos abonos hay varias

(1) Rochford y Gorer, *The Rochford Book of Flowering Pot Plants.*

232

234

235

236

233

232. *Reinwardtia indica*

233. *Rhododendron christianae*

234. *Rhododendron dalhousiae*

235. *Rhododendron maddenii*

236. *Rhododendron veitchianum*

marcas, debiendo seguirse cuidadosamente las instruccciones de los fabricantes.

Cuando las plantas estén echando las yemas antes de su floración principal, debe quitarse cualquier vástago lateral que aparezca para que la energía de la planta se concentre únicamente en el proceso de formación de las yemas y en la floración. Después, si las condiciones son perjudiciales, las yemas florales de algunas de las especies o híbridos más difíciles pueden marchitarse, como, por ejemplo, en *R. edgworthii*, R. «Fragrantissimum» y *R. lindleyi.*

Los rhododendros que crecen a la intemperie están muy expuestos a una amplia serie de enfermedades y plagas; pero los de interior normalmente no tienen problemas, aunque pueden ser afectados por agallas que se muestran por hinchazón de las hojas y tallos. Esto no es especialmente grave y los tallos afectados pueden dejarse, pues no es preciso mutilar o destruir la planta. Otras plagas son el «minador» de las hojas de azalea, la chinche de rhododendro, el «saltador» de la hoja, el ácaro rojo, la mosca blanca y otros muchos. El mejor remedio es la pulverización con Malathion.

Algunos rhododendros de hoja pequeña pueden cultivarse con bastante facilidad por esqueje (bajo placa de vidrio sobre cama caliente), pero los de hoja grande deben multiplicarse de semilla o por acodo.

Rhoeo

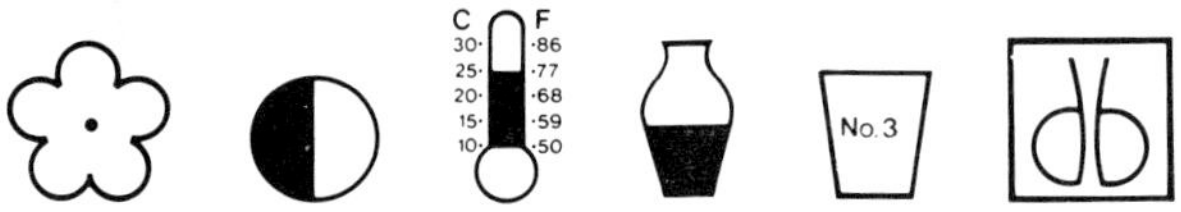

Si hubiera un concurso para premiar la apariencia singular en el reino vegetal, *Rhoeo discolor* debería quedar entre los primeros. Aunque esta especie pertenece a la familia de las tradescantias, las hojas rígidas, puntiagudas, que parten de un tallo central, son parecidas a las de las bromeliáceas; son de color verde oscuro, teñidas por debajo de púrpura intenso. De las axilas de las hojas sobresalen ligeramente unas «bocas» abiertas, que han sido comparadas con bolsas o barcas, en cuyo interior están las menudas flores blancas. La variedad *vittatum* es más llamativa, con bandas de color crema en el haz de sus hojas.

No deben regarse mucho en invierno.

Los renuevos se consiguen fácilmente de las plantas de un año.

Rhoicissus

Rhoicissus rhomboidea es una enredadera perennifolia, vigorosa, parecida en sus requerimientos a *Cissus antarctica*, con la que está emparentada, y quizá es más resistente. Es útil para un enrejado de separación de habitaciones o para decorar un rincón oscuro, pues necesita poca iluminación y tolera el gas y los humos. El «cultivar» «Jubilee», que tiene hojas más grandes, débilmente coriáceas, tiene crecimiento más lento y a veces se prefiere por esta razón.

No es exigente, debiendo regarse poco en invierno.

Rochea

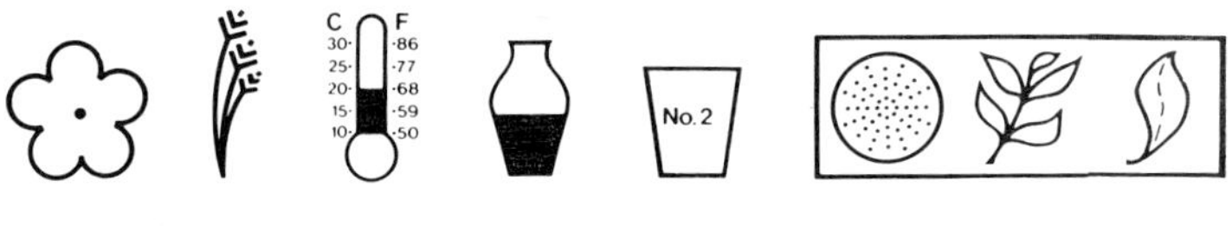

Rochea coccinea, la especie más corriente de éste pequeño género relacionado con *Crassula*, produce racimos terminales de flores aromáticas, de color escarlata o carmín, desde sus tallos, de unos 30 centímetros, con hojas algo coriáceas. Las plantas son de fácil crecimiento y merece la pena cultivarlas por su aroma único. Después de la floración, deben cortarse los tallos por la parte inferior a unos 15 centímetros del suelo para favorecer la formación de tallos laterales.

237

237. *Rhoeo discolor*

238. *Rhoicissus rhomboidea*

239. *Rochea coccinea*

238

239

Ruellia

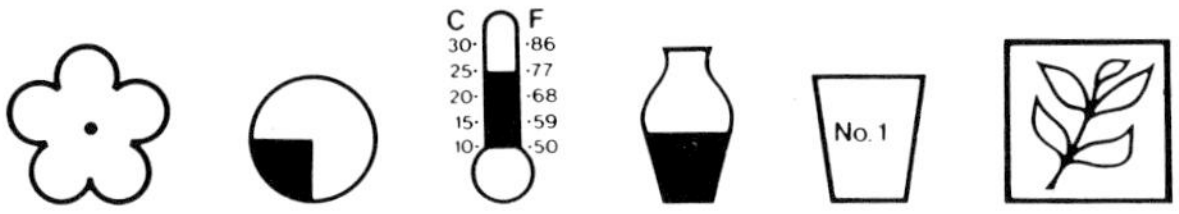

Son plantas muy atractivas por sus grandes flores, generalmente en variados matices del rojo intenso, como ocurre en *Ruellia graecizans* (sinónimo: *R. amoena*), rosa o malva, que con frecuencia aparecen en invierno. Algunas se valoran por su follaje, como *R. devosiana*, que tiene flores blancas teñidas de rosa.

Necesitan mucha humedad o no florecerán, y sus hojas se torcerán.

Saintpaulia

La encantadora «violeta africana», *Saintpaulia ionantha* es, con todo merecimiento, una de las más populares plantas de interior. Los cultivadores han obtenido muchas variedades, pero la especie original destaca ventajosamente, con la pureza de sus flores sencillas de color azul violáceo y sus llamativos estambres amarillos. Creemos que se trata de una comparación innecesaria, porque donde la Naturaleza ha puesto tanta perfección no tiene objeto rivalizar con ella. Sin embargo, los cultivadores han tenido el éxito de conseguir variedades, cuya floración dura más de lo corriente.

Además de las variedades de flor azul-violácea hay otras en matices de blanco, rosa y malva rojizo, tanto sencillas como dobles. Cuando se desee una planta se debe elegir una que tenga hojas verde oscuro, que aparente estar sana y que tenga muchas yemas. La planta que se compre, seguramente estará en una mezcla de tierra muy fertilizada para obtener un crecimiento más rápido y flores más abundantes, por ello debe abonarse poco durante los primeros meses.

Es erróneo suponer que las saintpaulias son fáciles de cultivar. Es cierto que cualquier aficionado a las plantas puede mantener en flor durante dos meses una planta comprada sana; pero aunque las saintpaulias florecen casi continuamente en su medio natural, o en un invernadero cálido, tienen dos o tres períodos de inactividad en un hogar normal. Es en el primer período de inactividad cuando el dueño debe mostrar su habilidad, o la planta no volverá a florecer.

Como todas las plantas de flor de los trópicos lluviosos, las saintpaulias necesitan una atmósfera húmeda y una temperatura bastante elevada para prosperar, entre 20 y 25° C (68-77° F) durante el día. Con una temperatura de 20-25°, la humedad durante el día debe ser por lo menos del 50 por 100, y nunca debe descender este porcentaje durante mucho tiempo. Para conseguir esto, es aconsejable mantener el tiesto entre turba mojada o en un recipiente sobre una capa de guijarros, añadiendo agua hasta que alcance el fondo del tiesto. También deben estar bien iluminadas, aunque protegidas del sol directo que dañaría las hojas y las flores. Estos cuidados deben seguirse siempre, tanto si la planta está en flor como si no. Si esto se tuviera presente siempre habría menos plantas raquíticas, incapaces de una segunda floración, olvidadas en los rincones de muchas casas. Las saintpaulias no tienen un sistema radicular rampante, por ello los cultivadores profesionales suelen colocarlas en tiestos pequeños, por economía. Los aficionados que no las atiendan con tanta constancia tendrán más éxito si las trasplantan a tiestos mayores, después de que ha pasado la floración inicial.

Las saintpaulias pueden multiplicarse por semilla (cosa difícil para el no especializado), por esquejes foliares (lo que es considerablemente más fácil) o por división (éste es el método más práctico para los aficionados). Si se utiliza este método hay que esperar a que la planta haya cesado temporalmente de florecer y cortarla de arriba a abajo con un cuchillo afilado, limpiando los cortes con azufre en polvo o cualquier otro fungicida, y dejando secar las dos porciones durante unas doce horas; después, plantarlas en tiestos separados y asegurarse de que tienen las condiciones correctas antes citadas. Las saintpaulias, con frecuencia, pueden reproducirse naturalmente, emitiendo renuevos que alcanzan rapidamente un tamaño similar al de la planta madre. Esto facilita la multiplicación por división; pero como también hay que cortarlas es imprescindible la adición de azufre a los cortes para evitar la pudrición.

Aun las saintpaulias bien cuidadas son propensas a la pudrición, que puede ser causada por el exceso de riego o por permitir que se propague desde una flor o una hoja muertas. También pueden atacarlas el gorgojo de la harina, los ácaros tarsonémidos u otros insectos, por lo que debe mantenerse sobre ellas una vigilancia constante (como sobre las demás plantas).

241

240. Varias *Ruellia:*
R. formosa (1)
R. graecizans (2)
R. prostrata (3)

241. *Saintpaulia ionantha*

240

Sansevieria

A algunas personas, las sansevierias les producen una sensación de fastidio. Por ejemplo, Elbert y Hyams dicen: «Este es el más bajo nivel a que llega la familia de las liliáceas. Nosotros las detestamos por su aspecto...» No sabemos por qué se ha llegado a este extremo de hostilidad, pues a nosotros nos parece que estas plantas tienen cualidades más positivas que otras plantas de follaje de interiores (más parecen cactáceas que liliáceas).

Aunque las flores no son llamativas, las largas hojas puntiagudas de *Sansevieria trifasciata* tienen un destacado aspecto cuando están colocadas entre un grupo de plantas crasas o contra un fondo uniforme. Esta especie tiene una variedad abigarrada, *laurentii*, con hojas que tienen bandas longitudinales amarillo cremosas.

Debe cuidarse mucho de no regarla en exceso durante el período de inactividad.

Saxifraga

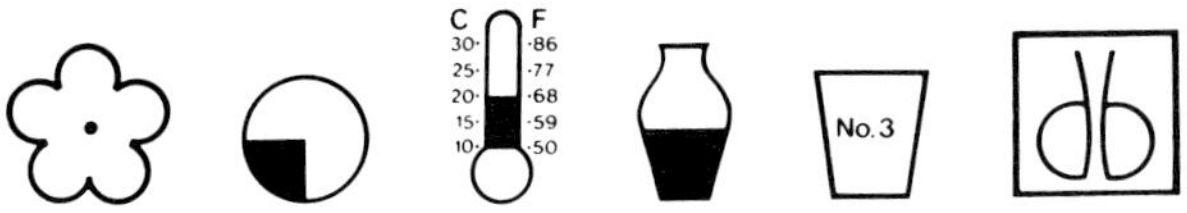

Es un extenso y variado género de plantas de rocalla, la mayoría de las cuales son resistentes y de poco interés para el aficionado a las plantas de interior.

Saxifraga stolonifera (sinónimos: *S. sarmentosa* y *S. chinensis*), sin embargo, es una plantita útil para grupos mixtos, particularmente en cestillos colgantes, o para soportes, cuando las orlas de deliciosos anillos con plantitas que se desarrollan en sus extremos le dan una atracción característica. Los nombres vulgares más corrientes son: «Islera», «Corona de Rey» y «Saxifraga blanca».

S. stolonifera tiene unas bonitas hojas redondeadas, guarnecidas con una delicada trama de nerviaciones más pálidas en el haz y teñidas de rojo en el envés. La variedad *tricolor* es, como su nombre indica, variegada en verde, crema y rojo, y es mucho más delicada.

Ambas formas tienen altas panículas de pequeñas flores blancas, parecidas a estrellas, cada una con dos pequeños puntos rosa en el centro.

S. stolonifera es una planta de fácil cultivo; es bastante resistente, pero necesita buena iluminación para florecer (lo que ocurre de mayo a junio) y para que desarrolle el tinte rojo del envés foliar. Debe regarse moderadamente durante la primavera y el verano y mantener sólo la humedad precisa en el invierno. La reproducción consiste simplemente en fijar en tierra adecuada las plántulas, separándolas de la planta madre cuando hayan enraizado. (*S. stolonifera tricolor* no siempre enraizada con facilidad.)

La peor plaga es la mosca verde.

Schefflera

Es un género con numerosas especies, arbustivas o arbóreas, una de las cuales, *Schefflera actinophylla*, está alcanzando popularidad como planta de interior por sus elegantes hojas talludas, lisas, ovales, de color verde oscuro; otra especie, *S. digitata* (sinónimo: *Aralia schefflera*), tiene hojas con bordes dentados.

En condiciones favorables, estas especies crecen mucho; pero las plantas jóvenes, o las mayores, si se tiene una habitación apropiada, forman una atractiva adición a un grupo de plantas de follaje de distintas formas, y también destacan sobre un fondo claro.

No son muy exigentes en sus necesidades.

242. *Sansevieria trifasciata laurentii*

243. *Saxifraga stolonifera*

244. *Saxifraga cymbalaria* var. *Huteana*

245. *Schlefflera digitata*

242

243

244

245

Schizanthus

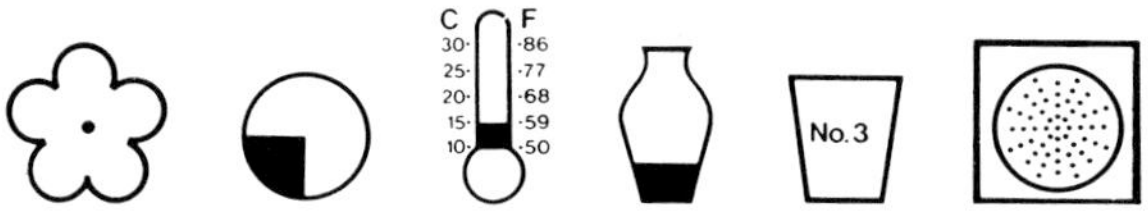

Es uno de los muchos géneros de plantas de exterior, que vuelven a ser apreciados como plantas precoces de interior por la satisfacción que producen.

Los schizanthus se han llamado «orquídeas del pobre» por la forma y delicadeza de sus flores, que pueden tener una amplia gama de colores, desde el carmín intenso al crema y blanco, pasando por el rosa y violeta; generalmente, tienen el centro amarillo. Las hojas son también delicadas, parecen un manto de encaje de color verde pálido que envuelve a la planta; ésta puede alcanzar unos 27 centímetros de altura.

Schizanthus pinnatus es la especie más corriente; ha sido cruzada con *S. grahamii*, dando *S.* × *wisetonensis*, que tiene unas formas compactas excelentes para cultivo en interior. Los grandes schizanthus, «Pansy Flowered» o «Improved Danbury Park», son otras atractivas formas.

Las semillas de schizanthus deben sembrarse en agosto, en un invernadero fresco o en un armazón (no es necesario para la germinación ningún calor adicional para evitar el efecto de la helada, pues la germinación es excelente). Desde el semillero, las plantitas deben trasladarse a tiestos de unos 8 centímetros y mantenerlas en ellos hasta que hayan alcanzado el tamaño deseado. (El trasplante es muy importante, pues si no se hace tan pronto como los ápices de las raíces lleguen a las paredes del tiesto, el crecimiento será lento y la floración prematura. Para apreciar la longitud de las raíces debe inspeccionarse el cepellón regularmente.) Después debe dárseles un poco más de calor, aumentándolo gradualmente hasta unos 20° C (68° F), lo que favorecerá que florezcan pronto. Son plantas vistosas y florecen con profusión desde febrero a abril. Debe regarse con más abundancia durante el período de floración.

El principal problema que presenta schizanthus es proteger a las jóvenes plántulas del ahilamiento demasiado rápido, que las vuelve desgarbadas; es una tendencia que se corrige mejor manteniéndola en un lugar medianamente frío, hasta que aparezcan los botones florales. De todas formas, necesitan un buen soporte.

Otros daños son: la pudrición de la raíz, la del tallo, el mildiu y las agallas de las hojas. Todos estos males se curan con facilidad, pero las plantas deben vigilarse. Por otra parte, los schizanthus son plantas fáciles de cultivar y proporcionan una gran variedad de flores en una época en que no hay muchas disponibles.

Schlumbergera — ver CACTUS

Scilla — ver BULBOSAS

Scindapsus

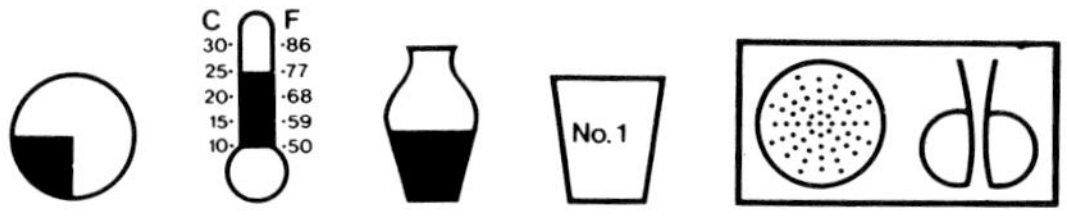

Las especies cultivadas de *Scindapsus* son lianas de hojas acorazonadas, parecidas a *Philodendron scandens*. Son también graciosamente péndulas cuando carecen de soporte, por ejemplo, en cestillos colgantes.

Scindapsus aureus tiene en sus hojas unas marcas irregulares de color amarillo; *S. pictus* las tiene de color verde brillante, sobre un fondo verde oscuro, y la variedad *argyraeus* (que en realidad es una forma juvenil de *S. pictus*) tiene sus hojas con manchas plateadas.

El espádice de flores dentro de la espata es poco aparente y sólo se produce en las plantas más desarrolladas.

Echa raíces aéreas. El mejor método de multiplicación es cortar un pedazo del tallo que tenga raíces, plantándolo en un tiesto.

246. *Scindapsus* «Silver Queen»

247. *Schizanthus pinnatus*

246

247

Sedum

La mayoría de los sedum son resistentes y aptos para bordes y rocallas. Algunas personas pueden considerar poco interesantes introducirlas en el hogar; sin embargo, hay algunas especies delicadas que combinan bien con otros miembros de su misma familia, crasuláceas, como las echeverias y los sempervivum, así como con los cactus.

Las hojas, generalmente son carnosas y las numerosas flores son de color rosa o amarillo. Algunos sedum se marchitan en invierno y por ello no los mencionamos. *Sedum acre*, «uvas de gato», y *S. spathulifolium*, los dos resistentes, son atractivas plantas que tienen grupos de flores amarillas; *S. sieboldii*, las tiene de color rosa; particularmente, en su forma abigarrada *mediovariegatum* es una de las más delicadas especies de interior.

La multiplicación es muy fácil; en efecto, *S. acre* puede rápidamente convertirse en una hierba rampante cuando no está confinada en una maceta, y, cuando cada hoja caída se deja en contacto con el suelo, a propósito o accidentalmente, puede enraizar y formar una nueva planta.

Selaginella

Es un género muy extenso de plantas parecidas a los musgos; cierto número de ellas constituyen una atractiva adición a un grupo de helechos o plantas de follaje. El género comprende desde plantas resistentes a plantas de invernadero, y algunas tienen hábito rastrero.

Hay numerosas especies valiosas, entre las más interesantes están: *Selaginella bakeriana*, *S. denticulada*, *S. kraussiana* (todas rastreras); *S. caulescens* y *S. lepidophylla* (que es una curiosidad).

Deben tener mucha agua, pero el suelo debe estar suelto y bien drenado. En general, deben tratarse como helechos.

Sempervivum

Es un género resistente, de la familia de las crasuláceas, que encajará bien con otros miembros de la misma familia, como echeveria, kalanchoe y sedum.

La mayoría de los sempervivum forman una serie de rosetas adheridas al suelo; de ellas salen los tallos floridos, con numerosas flores blancas, amarillas, rojas o purpúras.

Sempervivum arachnoideum, con flores de color rosa rojizo, tiene las hojas cubiertas de una especie de telaraña, y es una de las más notables.

El método más fácil de multiplicación es por separación de las jóvenes plántulas que se forman en las plantas más viejas.

Senecio

Senecio es un extenso género perteneciente a la familia compositae o de las margaritas, como los crisantemos y euriops (ver éstos). Comprende desde *S. vulgaris*, la común «hierba cana», hasta arbustos exóticos, como *S. heritieri*, cuyas flores tienen aroma a violetas, con pétalos rosado carmesí y blancos y con un «disco» central purpúreo. Algunos senecios, como *S. heritieri*, *S. hectorii* y *S. kirkii*, son plantas apropiadas para invernadero, pero muy grandes para la mayoría de los hogares. Las dos últimas citadas tienen flores blancas parecidas a las margaritas.

Nosotros no hubiéramos podido justificar la inclusión de senecio si no fuera porque *S. cruentus* es el origen de una amplia gama de híbridos, conocidos como «Cineraria» (1).

Las cinerarias florecen tan abundantemente y su colorido es tan ostentoso que son unas plantas muy populares, a pesar de tener que cuidarlas como anuales y de su abuso en ventanas y jardines públicos. Si no le gustan las de colores azul cárdeno y marrón busque las de flores en tonos más sutiles de rojo pardusco intenso. La raza híbrida multiflora, enana, que alcanza unos 30 centímetros, es muy apta para las condiciones de interior. La raza híbrida grandiflora tiene flores grandes, particularmente bellas y alcanzan unos 60 centímetros de altura.

Las cinerarias necesitan un ambiente húmedo y fresco con mucha iluminación, pero deben resguardarse del sol directo.

Si se tiene un armazón protector de vidrio o un invernadero fresco, las cinerarias son fáciles de cultivar de semilla. Para las de floración invernal deben sembrarse clareadas en el mes de abril, sobre una bandeja con «compost» arenoso, ligero, cubriéndolas levemente. Las plantitas se pueden trasplantar por separado a tiestos, o bien repicarlas en cajas y después trasplantarlas a tiestos de unos 8 centímetros.

Las cinerarias son un «paraíso» para la mosca blanca; pero los insecticidas deben usarse con precaución, pues a veces tienen sustancias dañinas para la planta.

(1) Parece que actualmente Cineraria ha sido abandonado como auténtico género.

248. *Sedum acre*

249. Varias selaginella: *S. apoda* (izquierda)
S. kraussiana (derecha)

250. *Sempervivum arachnoideum*

251. *Cineraria multiflora*

248

249

250

251

Setcreasea

Un pequeño género de plantas generalmente rastreras, algo parecidas a tradescantias o zebrinas, con las que están emparentadas.

Setcreasea striata tiene hojas de color verde oscuro, con nerviaciones de color marfil. *S. purpurea* es más erecta, y tiene las hojas de color purpúreo; tiene unas curiosas flores de colores púrpura y blanco sobre un tallo espigado, con grandes brácteas púrpuras adosadas. *S. purpurea* es de crecimiento rápido.

Véase la lámina 22 *(Asparagus)*.

Sinningia

Sinningia speciosa es la especie de la que se han desarrollado las gloxinias de los floricultores. La grandeza de sus flores en trompeta, con rica variedad de colores, como los de las vidrieras, blanco y matices de rojo, azul y púrpura, o estos colores bordeados de blanco, así como las más exóticas combinaciones de colores, han hecho que estas plantas tengan merecida popularidad.

Pueden cultivarse de semilla, en cuyo caso necesitan una temperatura por lo menos de 20° C (68° F) para germinar. O también de tubérculos, si pueden colocarse a 5° C por debajo de la temperatura anterior, aunque estarán mejor a una temperatura más alta. También pueden multiplicarse con facilidad por esquejes de hoja o de tallo.

Las pequeñas semillas deben sembrarse a principios de febrero. Deben tener sólo una ligera cubierta de suelo, y se regarán con Cheshunt Compound o un preparado similar para evitar que se dañen. Deben estar a la sombra hasta que germinen. Cuando las plántulas son lo bastante grandes para manejarlas con facilidad, deben ser repicadas en varios o en un solo tiesto y después trasplantarlas por separado a tiestos de unos 15 centímetros. Las semillas, también pueden plantarse por separado directamente en tiestos. Los tubérculos deben plantarse aislados en tiestos, con sus ápices sobresaliendo muy ligeramente, para aminorar que les ataque la pudrición. Una vez que las plantas están en pleno desarrollo deben regarse mucho. Necesitan buena iluminación, aunque protegidas del sol directo. Las hojas son frágiles y también se deterioran con facilidad; por ello, el chorro del agua no debe darles directamente. Si es posible debe utilizarse para rociarlas agua de lluvia.

El mayor peligro para *S. speciosa* es la pudrición de los tubérculos, causada por el exceso de humedad. Una forma particular de esta enfermedad es la pudrición del pie, que oscurece la base del tallo de la planta. El regado con Cheshunt Compound (2 partes de sulfato de cobre, 11 partes de carbonato amónico, diluyendo unos 30 gramos en 9 litros de agua) es buen preventivo. La enfermedad puede curarse con la aplicación de azufre en polvo.

Después de la floración, las hojas empezarán a caer; entonces debe cesar el riego. Los tubérculos pueden guardarse en la tierra en sus propias macetas, o si esto no es conveniente pueden ser sacados cuidadosamente de la tierra seca para almacenarlos. En ambos casos, no deben colocarse en un lugar en que la temperatura baje de 10° C (50° F) o pueden resultar perjudicados. Lo mejor es resembrar los tubérculos a principios de febrero, para que florezcan a mediados de verano, o unos meses después, para una floración tardía.

Otras especies de *Sinningia* quedan empequeñecidas por el gran desarrollo de *S. speciosa;* pero las pequeñas *S. concinna* y *S. pusilla* y sus híbridos merecen cultivarse, y además florecen durante todo el año, siempre que tengan suficiente temperatura, iluminación y humedad. Por último, debe citarse *S. tubiflora*, una planta de tallo erguido, que alcanza unos 90 centímetros de altura o incluso más, y tiene elegantes flores aromáticas de color blanco o crema; debe tener mucha iluminación, pero como otras sinningias estará protegida del sol directo. Es conveniente estaquillarla cuidadosamente para evitar que los tallos floridos, rampantes, se dispersen o deformen.

Además de la pudrición de las raíces, otro riesgo es la aparición del coco de la harina, que se puede localizar adherido a la base de la planta.

Smithiantha

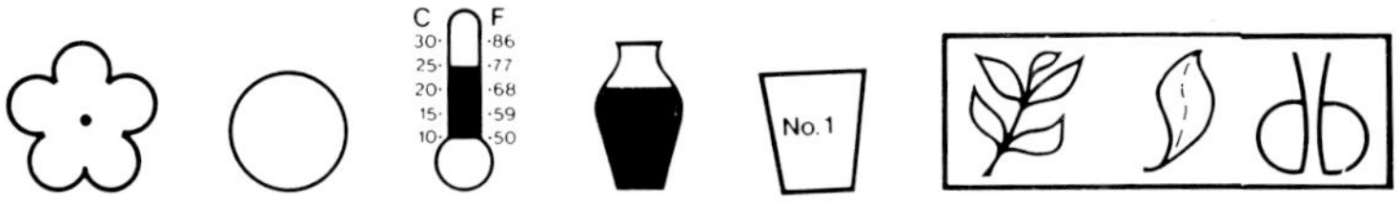

El género *Smithiantha*, antes conocido como *Naegelia*, es un miembro muy útil de la familia de las gesneriáceas, pues puede hacérsele florecer en profusión durante todo el invierno. Igual que los achimenes, tiene rizomas escamosos, pero las flores son tubulosas, en forma de campanilla, sin el aplanamiento de *Achimenes longiflora*.

Actualmente, el interés está concentrado en los híbridos, en especial los obtenidos en la Cornell University y por Butcher's en Surrey, Inglaterra. Los híbridos son más compactos que sus padres y florecen en una gran variedad de colores.

El cultivo es similar al de *Achimenes* (ver éste), excepto en que los rizomas son muy activos y necesitan ser plantados aislados en tiestos de unos 12 centímetros. Finalmente, la tierra del tiesto necesita solamente la humedad precisa durante el período de inactividad, pues si no los rizomas podrán morir.

El método de reproducción más sencillo es por división de los rizomas.

252. *Sinningia speciosa*

253. *Smithiantha*, híbrido

252

253

Solanum

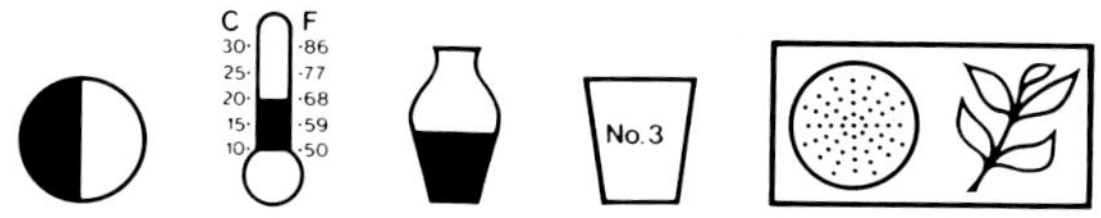

Solanum capsicastrum, «cerezo de Navidad», es una pequeña mata con bayas que, según su estado de sazón, son verdes, amarillas o rojas. Aparecen en cada otoño, con inevitable monotonía, en los comercios y en las ventanas. Algunas variedades tienen las bayas ovales, y hay una forma variegada. *S. pseudocapsicum*, que es una especie mayor, fructifica algo más tarde, y su variedad *weatherilii* tiene bayas oval-puntiagudas, principalmente anaranjadas.

Los solanum necesitan luz para que se coloreen sus bayas, pero deben estar resguardados de la luz solar muy fuerte para evitar que las bayas maduren y caigan muy pronto. Este es el principal problema; Elbert y Hyams recomiendan añadir al agua de riego un poco de Sal de Epsom cada tres semanas, para paliar la caída rápida de los frutos.

Las plantas se cultivan mejor de semilla, como anuales. Pueden permanecer a la interperie durante el verano.

Pueden padecer las siguientes enfermedades y plagas: moteado y marchitez, escarabajo de la patata (el género *Solanum* es de la misma familia que la patata), pudrición del pie, moho gris, opilación, cáncer del tallo, mosca verde, insectos y araña roja.

Soleirolia

Soleirolia soleirolii (antes conocida como *Helxine soleirolii*), el único miembro de este género, es una planta rastrera de rápido crecimiento, con hojas pequeñas, redondas y brillantes. Es una planta bastante útil para un grupo ornamental. Deberá estar en lugar fresco y a la sombra.

Sollya

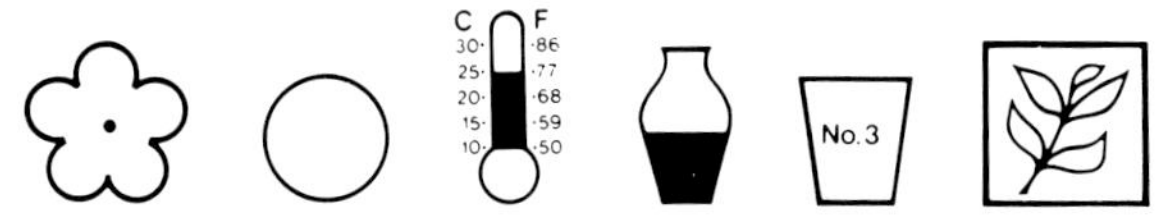

Es un pequeño género de arbustos volubles procedentes de Australia. Tiene pequeñas flores de color azul brillante, péndulas. El hombre vulgar de *Sollya fusiformis* (o *S. heterophylla*), «campanilla azul», es muy apropiado a sus flores. *S. parviflora* no es tan bella, pero no le falta algún encanto.

Los tallos jóvenes suelen ser atacados por la mosca verde.

Sonerila

Las sonerilas se aprecian principalmente por su follaje decorativo, aunque *Sonerila speciosa* tiene flores de color malva bastante llamativas. Las hojas de *S. margaritacea* tienen el haz cubierto de manchas de color blanco-perla. Hay algunas variedades con manchas diferentes en sus hojas.

El exceso de sol produce el marchitamiento de las hojas.

Sophronitis — ver ORQUIDEAS

254. *Solanum capsicastrum*

255. *Soleirolia soleirolii*

256. *Sollya fusiformis*

257. *Sonerila margaritacea*

254

255

256

257

Sparmannia

Es un pequeño género de arbustos o arbolillos, emparentado con la familia de los tilos. *Sparmannia africana*, «cáñamo africano», es la especie más común. Sus grandes y graciosas hojas de color verde pálido y sus delicadas flores blancas, aromáticas, con penachos de filamentos con ápice purpúreo, la hacen una atractiva y rara planta, digna de buscarse.

Debe tener mucha luz y ventilación, pero no es una planta difícil: Puede soportar temperaturas bastante bajas o la sequedad del ambiente.

Crecen con rapidez desconcertante, pero pueden recortarse por abajo después de la floración. Puede atacarlas el ácaro rojo.

Spartocytisus *nubigenus* — ver CYTISUS

Spathiphyllum

Es un género de la familia de los aros, plantas cuyas verdaderas flores están colocadas en un espádice rodeado por una espata (una gran bráctea —en este caso *phyllum*— parecida a una hoja).

Spathiphyllum wallisii es la especie que se puede encontrar más fácilmente. Sus brillantes hojas lanceoladas, con bordes ligeramente ondulados, son un gracioso ornamento para las «flores» que son de larga duración. La espata, al principio, es de color verde pálido, gradualmente torna a blanco, y, finalmente, verde otra vez, del mismo color que las semillas situadas en el espádice maduro. El período principal de floración es la primavera, pero a menudo hay una segunda floración en otoño. *S.* × *Mauna Loa* es más grande y aromática, pero más delicada.

S. wallisii es una planta que prefiere la humedad y la sombra, pero necesita algo de calor moderado y mucho abonado. Crece rápidamente y necesita ser trasplantada una vez al año, preferentemente al principio de la primavera, antes de que las flores broten. En esta época, las plantas pueden multiplicarse por división.

La araña roja es el peor enemigo de los spathiphyllum, pero un ambiente húmedo, que es el preferido por la planta, lo evita.

Sprekelia

Sprekelia formosissima, «el lirio de Santiago», es la única especie destacadamente bella de este género. Su flor solitaria, en un largo tallo, puede ser color carmesí o blanco. También hay algunas variedades.

Los bulbos deben tratarse como los de hippeastrum (ver éste). Deben cubrirse solamente hasta un tercio con tierra, a la que se ha añadido un poco de sangre seca. Deben estar bien drenados. Después de regarlos bien deben colocarse en un lugar seco, hasta que aparezcan síntomas de crecimiento; entonces deben regarse mucho hasta que las hojas empiecen a decaer (en condiciones húmedas pueden no marchitarse). Como en hippeastrum, el período de desarrollo después de la floración es importante para el éxito del año siguiente. Si se pueden colocar los bulbos en cama caliente de 20-25° C (68-77° F), los resultados serán más rápidos y seguros.

Como otras plantas bulbosas es propensa al coco de la harina en la base de las hojas.

258. *Sparmannia africana*

259. *Spathiphyllum* × «Mauna Loa»

260. *Sprekelia formosissima*

258

259

260

Stapelia

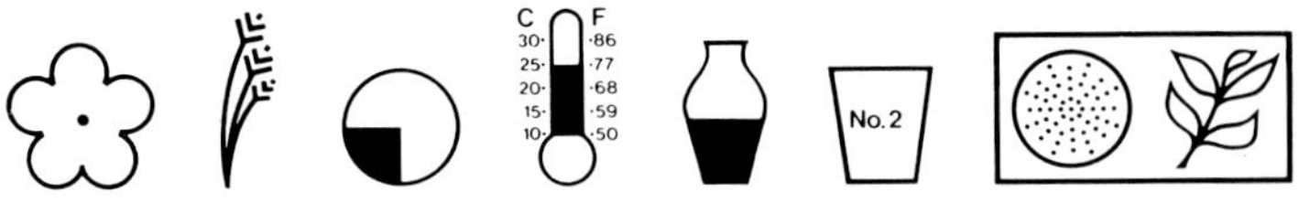

Ciertas especies atraen a los que gustan de lo macabro. *Stapelia variegata* es el mejor ejemplo; las flores rechonchas, en forma de estrella, generalmente de color pardo o amarillo, abigarradas con uno u otro de estos colores, o con negro, sobre los tallos coriáceos, parecen pertenecer a la vida animal inferior terrestre o marina, alimentándose de materia vegetal putrefacta. Para completar el cuadro, las flores tienen un curioso centro pegajoso (el polen) y tienen un leve olor a carne o a pescado podridos, que atrae a las moscas a poner sus huevos en ellas. También las flores de otras especies huelen repugnantemente.

Las stapelias son plantas crasas y necesitan mucho riego y buen drenaje durante su período activo, pero deben estar casi totalmente en seco durante el invierno, porque tienen tendencia a pudrirse.

Como es frecuente en las plantas suculentas la principal plaga es el gorgojo de la harina, que se sitúa sobre las hojas o en las raíces.

Stenocarpus

Es un género de árboles y arbustos perennifolios de Australia, de los que *Stenocarpus sinuatus* es la más adecuada como planta de interior. En su hábitat natural suele alcanzar hasta 30 metros de altura; pero las plantas jóvenes constituyen un adorno en el hogar, o en un invernadero, y pueden mantenerse en un tamaño adecuado mediante una cuidadosa poda.

Se cultiva generalmente sólo por su follaje decorativo (en su forma más corriente, pero hay otra de hojas ovales que no merece cultivarse en interiores). Las hojas son grandes, profundamente divididas, y cuando jóvenes, teñidas de rojo, volviéndose amarillo verdosas al madurar. Aunque se cultiva por su follaje florecen en su juventud, y *si* se les proporciona mucha iluminación producirán racimos de bellas flores de color rojo brillante.

Stenocarpus necesita mucha luz; pero por otra parte, es muy fácil de cultivar, necesitando una temperatura mínima sólo unos pocos grados por encima de la helada (*S. salignus* y *S. sinuatus* son resistentes en las Islas Scilly).

Stephanotis

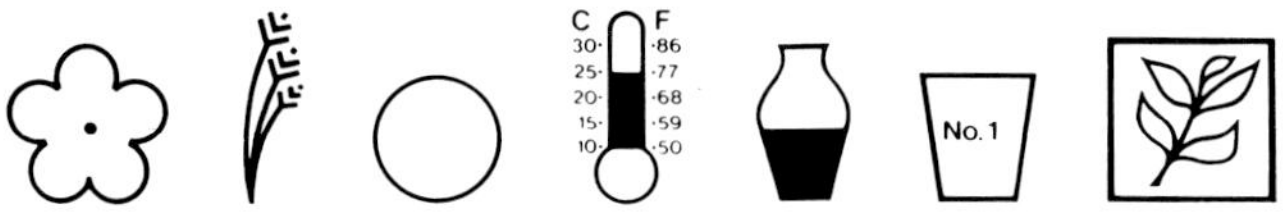

Los que valoran en gran manera el aroma de una flor colocan a *Stephanotis floribunda* «jazmín de Madagascar», con *Citrus*, *Gardenia* y jazmín, entre las plantas de interior más estimadas. Sus hojas de color verde oscuro, brillantes, son elegantes y se las puede forzar sin dificultad a producir numerosos racimos de graciosas flores blancas, de aspecto céreo y aromáticas (algo parecidas a jazmines muy grandes). También producen grandes frutos brillantes, oblongos, de color verde, que cambian a pardo amarillento. Actualmente estas plantas se encuentran con facilidad en las tiendas.

Es necesario que la planta tenga mucha iluminación y una temperatura durante el día de 20-25° C (68-77° F) en la época de floración en el verano o no se obtendrán buenos resultados. A veces se originan trastornos por falta de humedad. Una planta recién adquirida, llena de botones florales y en plena salud, puede deteriorarse y sus yemas pueden amarillear y arrugarse por falta de humedad en el nuevo ambiente. Es muy importante tener en cuenta este peligro con las nuevas plantas, meditando bien cada paso que se vaya a dar (ver pág. 7 de la introducción). Una vez establecidas, las plantas son lianas bastante rampantes y necesitarán podarse de vez en cuando. Esto puede realizarse en primavera sin peligro. En efecto, esta poda parece provocar una mayor abundancia de yemas florales. Para evitar la exudación es conveniente frotar los cortes con un poco de ceniza.

El gorgojo de la harina gusta mucho de esta planta, por lo que debe ser vigilada cuidadosamente, pulverizando con un insecticida al aparecer los primeros síntomas.

Los esquejes de tallo del año anterior, cortados en la poda de primavera, deben plantarse aislados en tiestos y colocados en un dispositivo multiplicador. Necesitan una temperatura constante de 25° C (77° F) por lo menos y mucha humedad.

261

261. *Stapelia variegata*

262. *Stenocarpus sinuatus*

263. *Stephanotis floribunda*

262

263

Strelitzia

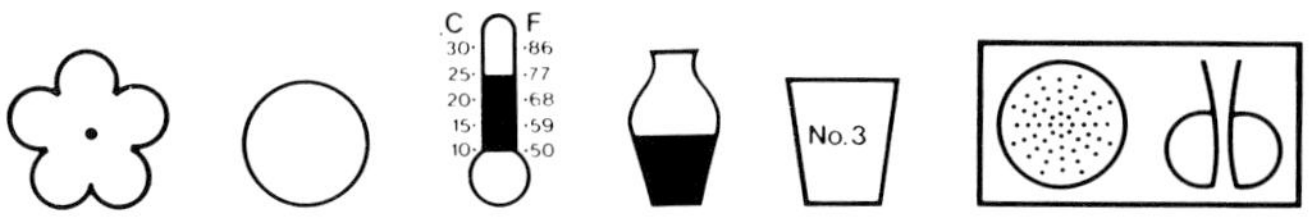

Las strelitzias tienen flores tan llamativas que las hemos incluido, aunque se necesita mucho espacio para tenerlas (pueden alcanzar hasta 1,80 metros de altura). No florecen hasta que son adultas, pero las hojas verde azuladas de *Strelitzia reginae* también son hermosas. Esta especie es la que se cultiva con más frecuencia y sus hojas tienen forma parecida a las de la platanera (es de la misma familia); tienen un nervio medio de color más pálido, saliente; a veces, en las hojas jóvenes tiene un matiz rosa, después blanco.

Necesitan mucha agua, humedad y sol en el verano, pero deben estar en ambiente más bien seco durante el invierno. La base de la planta se desarrolla rápidamente y por eso debe trasplantarse por lo menos cada dos años (en marzo, antes de que vuelva el crecimiento). La necesidad de trasplante se apreciará por las raíces, que forzando la base de la planta salen a la superficie, apareciendo como raíces zancos. Esto puede aprovecharse para obtener nuevas plantas por división de las raíces.

Streptocarpus

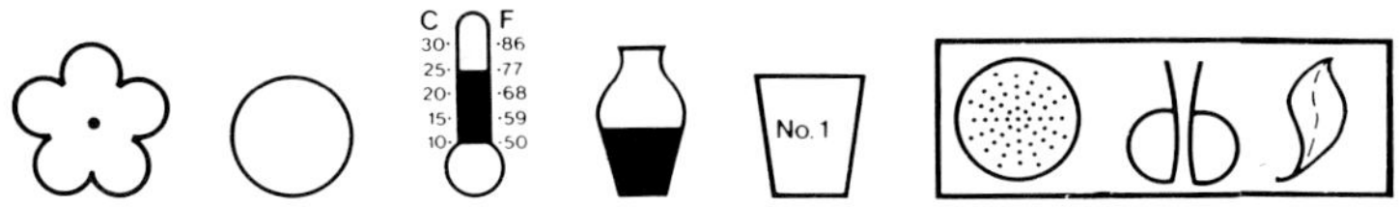

Dentro de la familia de las gesneriáceas es una de las plantas más fáciles y satisfactorias. Hay varias especies que merecen ser cultivadas y también hay algunos bonitos híbridos, obtenidos principalmente de *Streptocarpus rexii*. La especie original tiene flores que, normalmente, tienen tonos azules o blancos; pero los híbridos de *S. dunnii*, con flores de color rojo ladrillo, han ampliado considerablemente la gama de colores. El más sobresaliente es el híbrido «Constant Nymph», de un delicado color azul claro.

Con un mantenimiento cuidadoso, la época de floración puede ampliarse durante varios meses. Las plantas tienen tendencia a marchitarse en invierno; pero las nuevas hojas comenzarán a brotar pronto en la mayoría de las plantas, siempre que el riego esté cuidadosamente regulado.

Pueden cultivarse de semilla, sembrada desde febrero a abril, a una temperatura mínima de 15° C (59° F). Si hay suficiente cantidad se pueden multiplicar por esquejes foliares que se obtienen fácilmente. También puede hacerse por división de las plantas más grandes.

Streptosolen

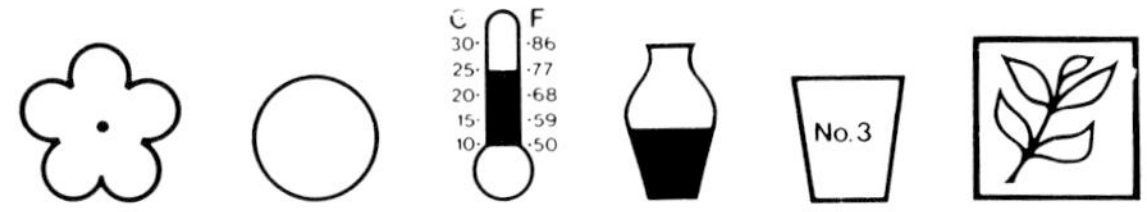

El único miembro de este género, *Streptosolen jamesonii*, es una liana perennifolia muy atractiva, con abundantes ramilletes de brillantes flores de color naranja y amarillo, que aparecen desde junio hasta el invierno.

Por una poda drástica la planta puede pasar de trepadora a un pequeño arbusto, o bien puede dejarse colgar desde un cestillo.

Strobilanthes

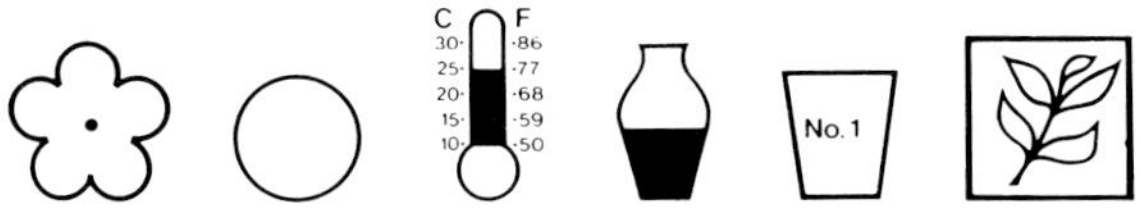

Un extenso y variado género, del que algunas especies son muy atractivas y fáciles de cultivar. La mayoría de las especies tienen sus flores en tonalidades de azul o púrpura.

Strobilanthes dyerianus es una bonita y destacada planta, con flores de color azul pálido y grandes hojas puntiagudas de color verde oscuro, con manchas rosado-purpúreas en el centro. Las plantas jóvenes tienen mejor aspecto y, con frecuencia, se cultivan únicamente para follaje. *S. isophyllus* es una planta mucho más pequeña, cuyo atractivo radica en las flores más que en las hojas, que son parecidas a las de las ortigas.

Stromanthe — ver MARANTA

264

265

266

267

264. *Strelitzia reginae*

265. *Streptocarpus hybridus* «Constant Nymph». Véase, también, la lámina 138, con *Gesneria*

266. *Streptosolen jamesonii*

267. *Strobilanthes isophyllus*

268. *Strobilanthes dyerianus*

268

Syagrus — ver PALMERAS

Tetrastigma

Es una robusta parra de grandes hojas, estrechamente emparentada con el género *Cissus*. Es bastante correosa, pero necesita un gran soporte para que se desarrolle y luzca. *Tetrastigma voinierianum* (sinónimo: *Vitis voinieriana)* es la especie más cultivada. Sus hojas jóvenes están densamente cubiertas de tomento, parecido a un suave terciopelo verde.

Thunbergia

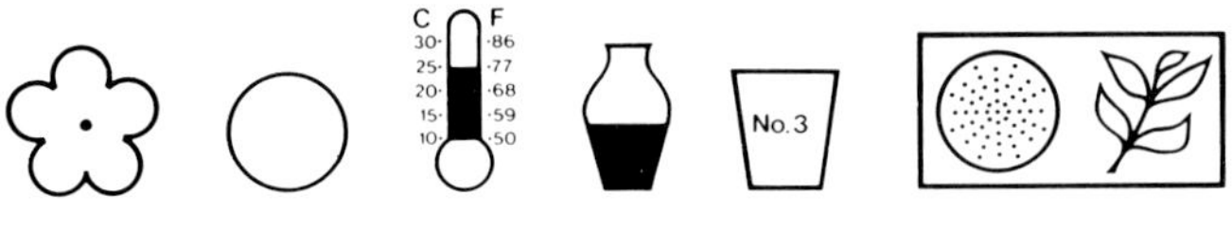

El género *Thunbergia* comprende lianas y algunos arbustos destacados. *Thunbergia alata*, la especie más corriente, es una liana anual, que resiste bien creciendo a la intemperie y por esto apenas entra en el contenido de este libro. Entre las perennes más delicadas, *T. grandiflora* es una magnífica liana, con grandes flores de color malva azulado, pero necesita mucho espacio. *T. laurifolia* es parecida, con hojas menores; *T. fragrans*, como su nombre indica, es aromática; *T. erecta* es un arbusto no trepador, que tiene numerosas flores péndulas, de color azul intenso, con la garganta naranja y el tubo amarillo. Debe podarse después de la floración. Hay otras especies que, si se pueden conseguir, merecen la pena cultivarse.

Tibouchina

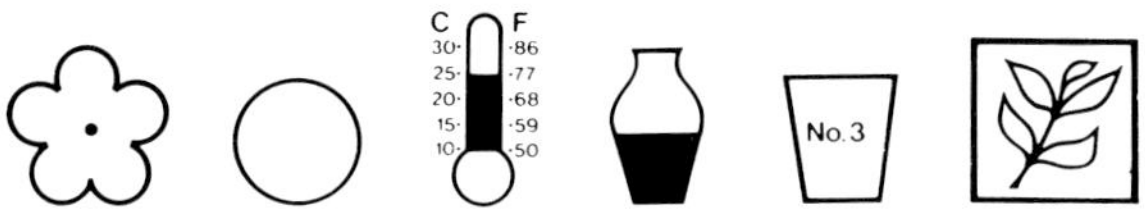

Es uno de los más encantadores arbustos que florecen en interiores. Las hermosas hojas de *Tibouchina semidecandra* (1) están fuertemente nervadas y tienen una superficie vellosa. Las bellas y grandes flores de color púrpura intenso tienen un viso aterciopelado.

T. semidecamdra (o *T. urvilleana)* es, en su medio natural, un gran arbusto con tendencia a hacerse desgarbado y a perder sus hojas inferiores; pero después de la floración, en otoño o invierno, puede podarse fuertemente por debajo de los últimos brotes de los tallos leñosos jóvenes.

Hemos notado que ciertas plantas se dañan fácilmente por los insecticidas en aerosoles o por los fumigantes para invernadero. Las tibouchinas, en general, no son muy propensas a las plagas, y por ello deben retirarse cuando se usen los insecticidas para otras plantas.

Los esquejes de vástagos semimaduros pueden cortarse en cualquier época y se cultivarán preferentemente en un multiplicador a unos 20° C (68° F).

(1) Parece que la verdadera *T. semidecandra* no se cultiva y que la especie que se ofrece normalmente con este nombre es, en realidad, *T. urvilleana*. Roy Hay y Patrick M. Synge, *The Dictionary of Garden Plants in Colour, with House and Greenhouse Plants*, Londres y Nueva York, 1969, pág. 365.

Tillandsia

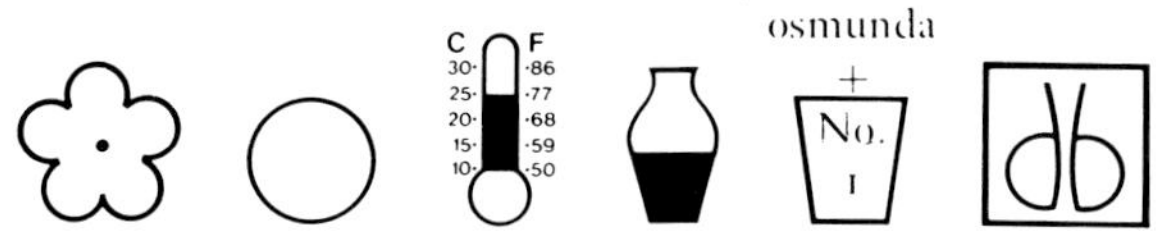

Está entre las bromeliáceas más exóticas, tiene unas inflorescencias extraordinarias. Sería muy difícil describirla, por lo que mejor es contemplarla (ver lámina 273).

Tillandsia lindeniana, que tiene atractivas hojas, así como flores espectaculares, es quizá la especie más bonita. *T. cyanea* también es muy bella, y hay otras muchas especies interesantes. Las flores de *T. lindeniana*, así como las de otras, salen de una en una sobre el tallo, sucesivamente. Constituyen el elemento verdaderamente exquisito de la planta, pero tienen corta vida (aunque se producen con profusión). Sin embargo, las brácteas mantienen su colorido durante varias semanas.

No debe dejarse que el suelo esté saturado de agua, y no precisan ser rociadas durante el invierno. Para instrucciones generales, en especial sobre cómo hacerlas florecer, ver *Aechmea*.

269

269. *Tetrastigma voinierianum*

270. *Thunbergia erecta*

271. *Thunbergia grandiflora*

272. *Tibouchina semidecandra*

273. *Tillandsia cyanea*

270

271

272

273

Tolmiea

La única especie de este género, *Tolmiea menziesii*, es notable principalmente por su tendencia a formar nuevas plántulas sobre las hojas viejas. Puede cultivarse en un jarro con agua o en un suelo húmedo, pudiendo observarse el desarrollo de las plántulas.

Las grandes hojas acorazonadas, dentadas, así como sus peciolos, son pelosos.

Es una planta fácil, que tolera bajas temperaturas y poca iluminación. Siempre debe mantenerse húmeda.

Trachelium

Es una hierba perenne de los países mediterráneos. *Trachelium caeruleum* alcanza una altura de unos 60 centímetros a 1,20 metros y tiene grandes corimbos de pequeñas flores aromáticas de color azul; *T. lanceolatum* es mucho más pequeña, de menos de 30 centímetros de altura, y con flores de un tono semejante; *T. rumelianum* (sinónimo: *Diosphaera rumeliana*) es una planta extendida, con flores de color lila.

Las semillas deben sembrarse en febrero, con un calor suave, para que florezcan en el mismo año. Los esquejes pueden tomarse en primavera u otoño.

Trachelospermum

Es un género de arbustos trepadores, con flores blancas o amarillo pálidas, que tienen en general un delicioso aroma.

Trachelospermum jasminoides es quizá la mejor especie, tiene racimos de flores blancas con una fuerte fragancia. *T. asiaticum* tiene flores de color crema y también un fuerte aroma.

Pueden podarse en espaldera, después de la floración, tanto como convenga.

Los renuevos jóvenes son propensos a los ataques de la mosca blanca y el ácaro rojo.

Tradescantia

Algunas especies de este género, sobre todo *Tradescantia virginiana*, son herbáceas vigorosas, perennnes y no nos interesan. Las especies más delicadas se cultivan principalmente por su follaje variegado, como el de *T. fluminensis*. Es una planta notablemente elástica. Las especies más corrientes tienen hábito rastrero o serpenteante y constituyen un buen complemento para un cestillo colgante de follaje mixto.

Deben ser repicadas para que conserven una buena forma; pero cuando muestran síntomas de extenderse es mejor obtener esquejes que enraizan fácilmente.

Si cualquier parte de una forma variegada muestra signos de volver al follaje verde homogéneo, que corresponde al tipo, inmediatamente debe ser extirpada.

Trichocereus — ver CACTUS

Trithrinax — ver PALMERAS

274. *Tolmiea menziesii*

275. *Trachelium caeruleum*

276. *Trachelospermum jasminoides*

277. *Tradescantia fluminensis vittata aurea*

274

275

276

277

Tulbaghia

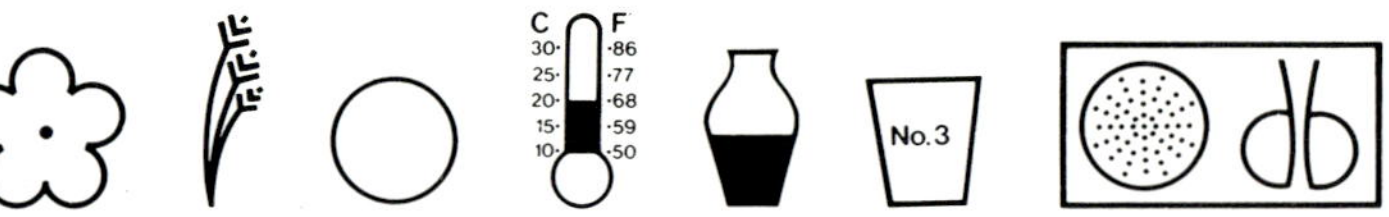

Es un género de plantas rizomatosas, con flores graciosamente atractivas, dispuestas en umbela; son de color violeta en *Tulbaghia pulchella*, *T. fragrans* y *T. violacea;* son blancas y fragantes en *T. natalensis*. Las hojas de muchas especies tienen olor a ajo.

Tienen un corto período de inactividad en invierno. Entonces debe reducirse el riego.

Tulip — ver BULBOSAS

Vallota

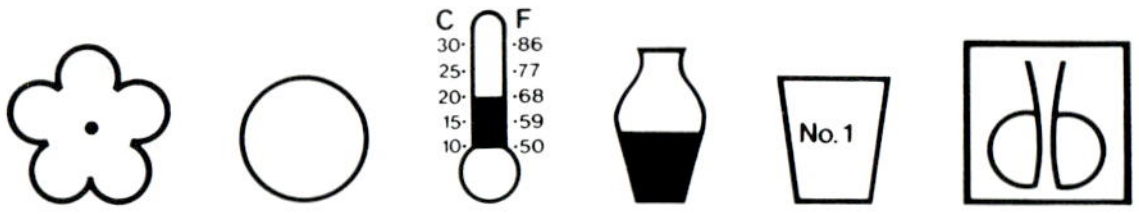

Es una bella bulbosa, procedente de Africa del Sur, que parece poca cosa hasta que se adapta; pero una vez conseguido esto, produce bellas flores. *Vallota speciosa* (sinónimo: *V. purpurea)* tiene flores de color escarlata brillante; también hay variedades o «cultivars» en color blanco o en varias tonalidades de rosa y rojo.

Los bulbos deben tratarse como los de *Nerine* (ver éste), excepto en que deben plantarse, con preferencia, desde marzo a julio. La planta florecerá a finales del verano o principio de otoño. Al principio regar poco, hacerlo con liberalidad cuando el bulbo está creciendo; nunca debe dejarse secar completamente a la intemperie. Es mejor no trasplantarlas hasta pasados dos o tres años. Después del primer año necesitan abonado periódico durante el crecimiento, pero un exceso de abonado producirá un follaje demasiado abundante y bulbos secundarios, a expensas de las flores.

Vanda — ver ORQUIDEAS

Veltheimia

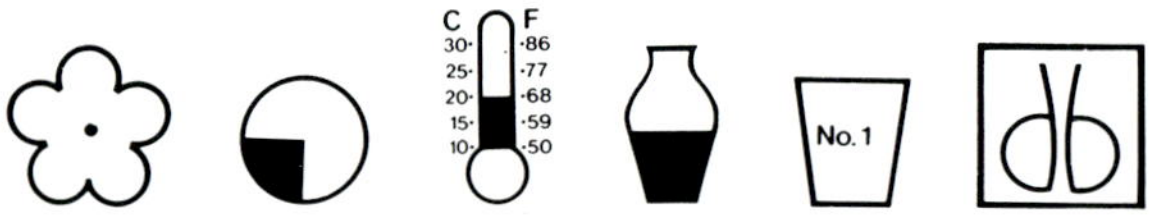

Son unas bulbosas muy atractivas, originarias de Africa del Sur; tienen racimos de numerosas flores tubulosas que en *Veltheimia capensis* son de color rosa pálido, teñidas de verde, y en *V. viridifolia* son de color rosa más oscuro, manchadas de amarillo pálido. (En realidad, la planta que se vende corrientemente como *V. capensis* posiblemente es *V. viridifolia.)* Las hojas brillantes, con el borde ondulado, también son hermosas.

Los bulbos deben tratarse como los de *Hippeastrum* (ver éste). Si se plantan desde agosto a septiembre, la planta florecerá en invierno.

Las veltheimias deben tener mucha agua durante el período de crecimiento, pero después de la floración deben permanecer en un lugar seco. Entonces algunas de las hojas se marchitarán.

Vitis *voinieriana* — ver TETRASTIGMA

278. *Tulbaghia violacea*

279. *Vallota speciosa*

280. *Veltheimia capensis*

279

278

280

Vriesia

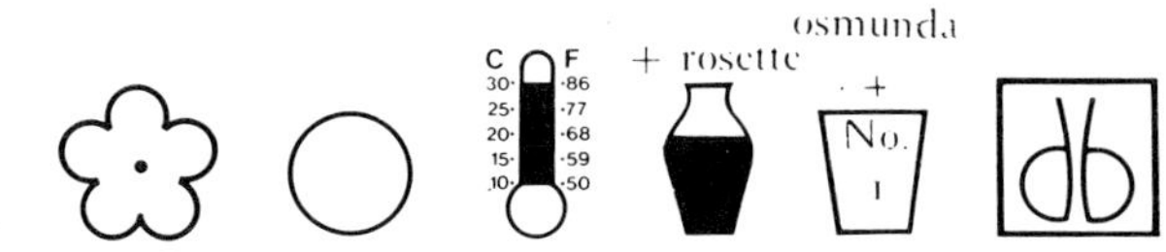

Es una espectacular bromeliácea epifítica, estrechamente emparentada con *Tillandsia* (ver ésta), de la que se diferencia por tener pétalos ligulados. Todas las vriesias tienen hojas más ornamentales y flores menos llamativas. Es una excepción *Vriesia splendens*, que, por su inflorescencia, justifica plenamente su nombre. Como en tillandsia, las flores (amarillas en este caso) tienen corta vida, pero las brácteas rojo brillantes se mantendrán unas ocho semanas.

Para instrucciones generales ver *Aechmea*.

Washingtonia — ver PALMERAS

Yucca

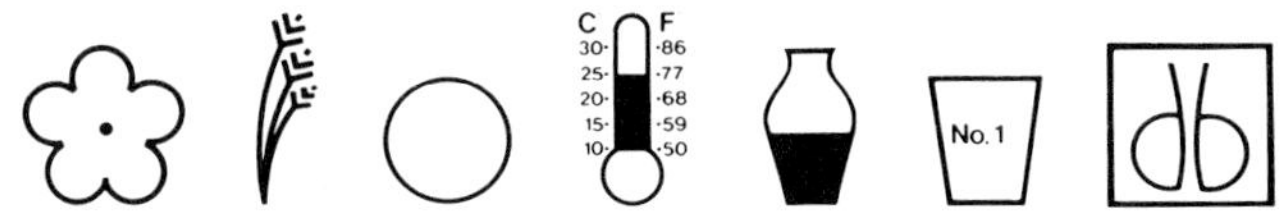

Es un género de árboles y arbustos parecidos a los ágaves o dracaenas, que presenta varias especies de valor ornamental como plantas de interior o invernadero. La mayoría son resistentes hasta los 50° C de latitud.

En su totalidad, las especies e híbridos sin tallo o de tallo corto son las mejores para interior; *Yucca aloifolia*, *Y. whipplei*, *Y. glauca* y *Y. gloriosa* pueden mencionarse. Las flores, generalmente blancas o blanco cremosas, a veces teñidas de púrpura y aromáticas, nacen en panículas erectas o péndulas. Ciertas especies no florecen hasta pasados varios años. Es necesario tenerlo en cuenta cuando se compren estas plantas.

Las yucas en general son plantas difíciles, pero, sin embargo, responden bien a los cuidados, dando follaje de mejor textura y flores más numerosas. Si es posible deben mantenerse a la intemperie durante el verano.

La multiplicación debe hacerse por esquejes carnosos radiculares, de unos 5 a 7 centímetros de largos.

Las yuccas pueden ser atacadas por el moteado de las hojas, que causa costras pardas con manchas negras sobre ellas. Las hojas infectadas deben cortarse inmediatamente y la planta debe pulverizarse con caldo Bordelés o un preparado similar.

Zantedeschia

El género se conoce más por la especie *Zantedeschia aethiopica*, la «cala etiópica». Las flores, de color blanco puro o, más exactamente, la espata blanca pura que rodea el espádice de color amarillo cremoso, es sorprendentemente bella, destacándose del follaje verde brillante. El aroma es embriagador. *Z. elliottiana*, con su espata de color amarillo brillante, es casi tan bella, aunque no es aromática; *Z. melanoleuca* tiene la espata de color amarillo pálido y *Z. rehmannii* es enana, con espata de color rosa. Todas merecen cultivarse.

Las zantedeschias prosperan en zonas turbosas en Africa del Sur. Cuanto más parecidas sean las condiciones que se les den a las plantas a las de aquella zona, más éxito se tendrá en el cultivo. Necesitan un suelo rico, mucha humedad, iluminación y temperatura. Los tubérculos deben plantarse a principios de otoño, uno o más en cada tiesto, dependiendo del tamaño de éste, a unos 2,5 centímetros por debajo de la superficie de la tierra, regándolos bien. Después deben regarse sólo muy escasamente hasta que empiecen a brotar; entonces debe aumentar el riego, después debe añadirse un fertilizante líquido. Como son propensas a la pudrición de la base de las hojas es aconsejable regar solamente la tierra.

Z. aethiopica puede permanecer a la intemperie durante el verano, pero *Z. elliotiana*, *Z. melanoleuca* y *Z. rehmannii* son delicadas y deben permanecer bajo techo.

Las especies de flores amarillas florecen un mes después que las de flores blancas.

Las zantedeschias pueden ser atacadas por varias formas de hongos: de la hoja, de la raíz o del cormo. En el primer caso se forman manchas pardas en las hojas, que deben destruirse. En los otros casos debe regarse con «Cheshunt Compound», «Captan», o mojar las plantas con una solución de formol al 25 por 100, cuando se trasplantan. También padecen una enfermedad por virus, el moteado y marchitez, cuyos síntomas son unas manchas o vetas blancas en las hojas o tallos, así como una torsión de las hojas. Las plantas infectadas deben destruirse.

281

281. *Vriesia splendens.* Ver, también, en *Polyscias*, lámina 223

282. *Yucca aloifolia*

283. *Zantedeschia aethiopica* «Crowborough»

282

283

Zebrina

Zebrina pendula, muy parecida a tradescantia, es popular por su follaje sorprendentemente variegado, su gracioso hábito péndulo, cuando adulta, y por su adaptabilidad a las condiciones del hogar. Las hojas son verdes en el haz y manchadas de plata y rojo purpúreo en el envés. Las hojas de *Z. purpusii*, en la cara superior son de un verde purpúreo más apagado, y en la inferior, el color es mucho más brillante.

Las zebrinas pueden dejarse crecer más que las tradescantias, por esto son más apropiadas para cestillos colgantes.

Zephyranthes

Es una de las plantas menos llamativas de la familia de las amarilidáceas. Tiene flores, generalmente de tallo corto, con una sencillez de forma que les da gran belleza. Algunas especies son resistentes, como el encantador *Zephyranthes candida*, que es perenne. Otras especies sólo necesitan protección contra las heladas, y en algunas, las hojas caen en invierno. *Z. atamasco* tiene flores blancas o teñidas de rosa; *Z. grandiflora* tiene las flores de un color rosa uniforme, y *Z. citrina* las tiene de color amarillo intenso. Hay otras especies e híbridos también interesantes.

Las especies más pequeñas están mejor colocadas apretadamente en un tiesto algo grande. El drenaje debe ser bueno. Se deben aplicar las normas generales para el regado de bulbos (ver éstos). No deben dejarse totalmente en seco.

Zygocactus — ver *Schlumbergera* en CACTUS

Zygopetalum — ver ORQUIDEAS

284. *Zebrina pendula*

285. *Zephyranthes candida*

284

285

Lámina de plagas y enfermedades

A

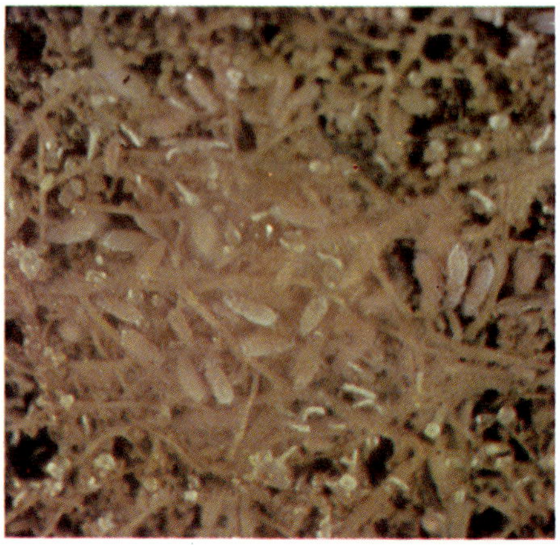
B

C

D

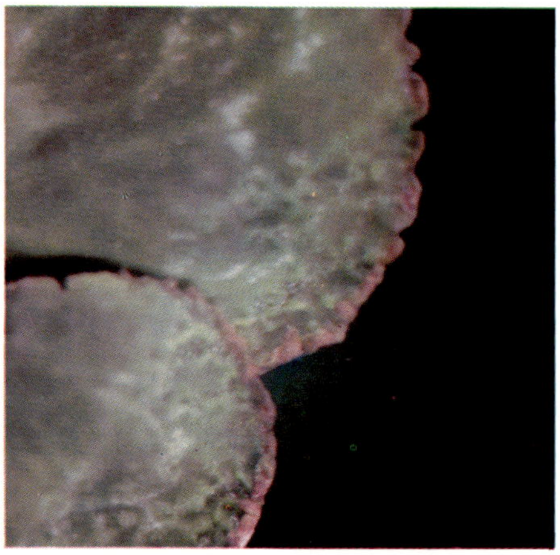
E

F

G

H

A. Primer plano de aphidos (mosca verde).
B. Aphidos de la raíz.
C. Mosca blanca *(Trialeurodes vaporariorum)*.
D. Acaro rojo *(Tetranychus urtlcae)*. Nótese el color pardo de las hojas y la abundante tela de araña.
E. Acaro del cyclamen *(Steneotarsonemus pallidus)*. Primer plano de una hoja dañada.
F. Trips (insectos perjudiciales): daño causado a un botón floral.
G. Coco o gorgojo de la harina.
H. Minador de la hoja del crisantemo *(Phytomyza atricornis)*. Primer plano de una hoja infectada.
I. Anguílulas del nudo de la raíz *(Meloidogyne helpa)*. Corte transversal del interior de una raíz infectada, mostrando una hembra con huevos y unas larvas desarrollándose en los huevos. (Aumento: × 120).
J. Orugas. Torcedor del clavel *(Cacoecimorpha pronubana)*. Larva nutriéndose en el tallo. (Aumento: × 9).
K. Pulgones. (Aumento: × 3).
L. Clorosis (amarilleo de la zona internervial de la hoja) causada por deficiencia de magnesio.
M. Tizón del crisantemo *(Puccinia chrysanthemi)*. Uredopústula rodeada por un característico anillo de pústulas secundarias. (Aumento: × 8).
N. Moho gris *(Botrytis cinerea)* en el tallo de una planta. (Aumento: × 8).
O. Mildiu del crisantemo.

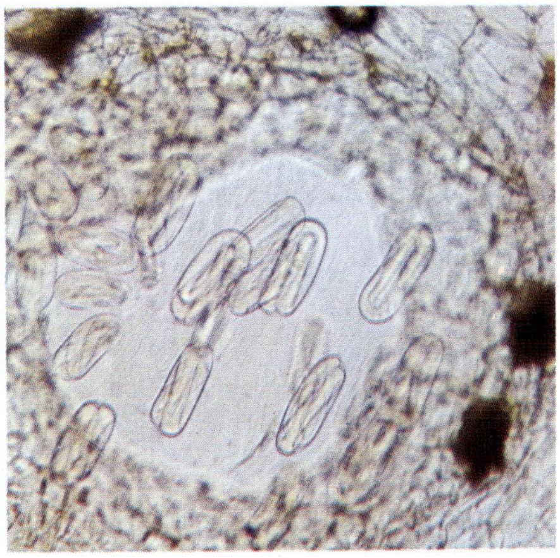

I

J

K

L

M

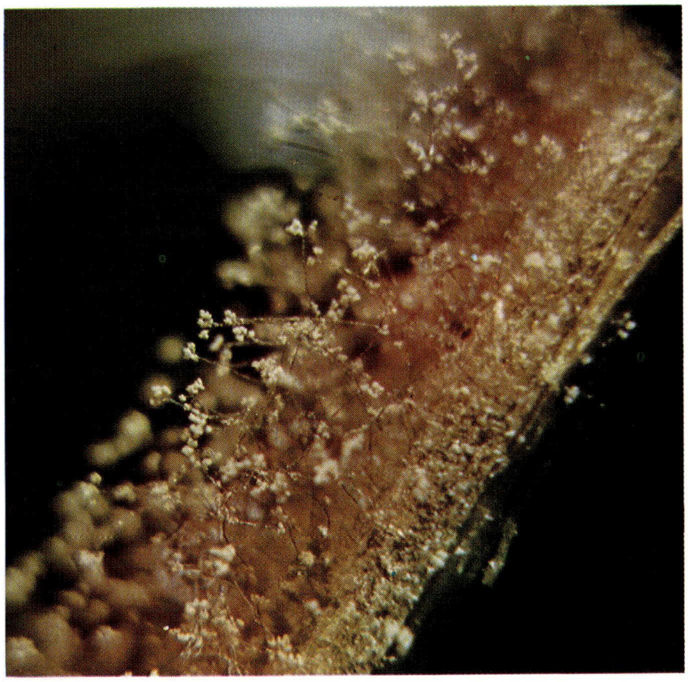

N

O

Las Plantas y sus Familias

ACANTHACEAE
Aphelandra
Beloperone
Crossandra
Eranthemum
Fittonia
Hypoestes
Jacobinia
Pachystachys
Pseuderanthemum
Ruellia
Strobilanthes
Thunbergia

AIZOACEAE
Lithops
Mesembryanthemum

AMARYLLIDACEAE
Agave
Amaryllis
Clivia
Eucharis
Galanthus
Haemanthus
Hippeastrum
Hymenocallis
Leucocoryne
Lycoris
Narcissus
Nerine
Sprekelia
Tulbaghia
Vallota
Zephyranthes

APOCYNACEAE
Allamanda
Carissa
Dipladenia
Mandevilla
Nerium
Trachelospermum

ARACEAE
Aglaonema
Anthurium
Arum
Caladium
Dieffenbachia
Monstera
Philodendron
Scindapsus
Spathiphyllum
Zantedeschia

ARALIACEAE
Aralia
Dizygotheca
× Fatshedera
Fatsia
Hedera
Polyscias
Schefflera

ARISTOLOCHIA-CEAE
Aristolochia

ASCLEPIADACEAE
Ceropegia
Hoya
Stapelia
Stephanotis

BALSAMINACEAE
Impatiens

BEGONIACEAE
Begonia

BIGNONIACEAE
Jaranda

BORAGINACEAE
Heliotropium

BROMELIACEAE
Aechmea
Billbergia
Cryptanthus
Guzmania
Neoregelia
Nidularium
Tillandsia
Vriesia

CACTACEAE
Chamaecereus
Coryphantha
Echinopsis
Epiphyllum
Espostoa
Lobivia
Mammillaria
Nopalxochia
Notocactus
Rebutia
Rhipsalidopsis
Schlumbergera
Trichocereus

CAMPANULACEAE
Campanula
Trachelium

COMMELINACEAE
Commelina
Cyanotis
Dichorisandra
Rhoeo
Setcreasea
Tradescantia
Zebrina

COMPOSITAE
Chrysanthemum
Euryops
Gerbera
Gynura
Humea
Mutisia
Senecio

CONVOLVULACEAE
Convolvulus
Ipomoea

CRASSULACEAE
Aeonium
Cotyledon
Crassula
Echeveria
Kalanchoe
Rochea
Sedum
Sempervivum

CYPERACEAE
Carex
Cyperus

EPACRIDACEAE
Epacris

ERICACEAE
Erica
Rhododendron

EUPHORBIACEAE
Acalypha
Breynia
Codiaeum
Euphorbia
Jatropha

GENTIANACEAE
Exacum

GERANIACEAE
Pelargonium

GESNERIACEAE
Achimenes
Aeschynanthus
Columnea
Episcia
Gesneria
Hypocyrta
Kohleria
Rechsteineria
Saintpaulia
Sinningia
Smithiantha
Streptocarpus

GRAMINEAE
Bambusa
Oplismenus

IRIDACEAE
Crocus
Freesia
Iris
Ixia
Neomarica

LABIATAE
Coleus
Prostanthera

LAURACEAE
Persea

LEGUMINOSAE
Acacia
Bauhinia
Caesalpinia
Cassia
Chorizema
Clianthus
Cytisus
Erythrina
Lotus
Mimosa

LILIACEAE
Aloe
Asparagus
Aspidistra
Chionodoxa
Chlorophytum
Convallaria
Cordyline
Dracaena
Fritillaria
Gasteria
Gloriosa
Haworthia
Hyacinthus
Lachenalia
Lapageria
Lilium
Muscari
Sansevieria
Scilla
Tulipa
Veltheimia
Yucca

LINACEAE
Reinwardtia

LOGANIACEAE
Desfontainea
Gelsemium

MALPIGHIACEAE
Malpighia

MALVACEAE
Abutilon
Hibiscus

MARANTACEAE
Calathea
Ctenanthe
Maranta
Stromanthe

MELASTOMATA-CEAE
Centradenia
Medinilla
Sonerila
Tibouchina

MORACEAE
Ficus

MUSACEAE
Musa
Strelitzia

MYRSINACEAE
Ardisia

MYRTACEAE
Callistemon
Eucalyptus
Myrtus

NEPENTHACEAE
Nepenthes

NYCTAGINACEAE
Bougainvillea

OCHNACEAE
Ochna

OLEACEAE
Jasminum
Osmanthus

ONAGRACEAE
Fuchsia

ORCHIDACEAE
Angraecum
Cattleya
Coelogyne
Cymbidium
Dendrobium
Miltonia
Odontoglossum
Paphiopedilum
Sophronitis
Vanda
Zygopetalum

OXALIDACEAE
Oxalis

PALMAE
Butia
Chamaedorea
Chamaerops
Collinia
Dictyosperma
Phoenix
Rhapis
Syagrus
Trithrinax
Washingtonia

PANDANACEAE
Pandanus

PAPAVERACEAE
Dendromecon

PASSIFLORACEAE
Passiflora

PINACEAE
Araucaria

PIPERACEAE
Peperomia
Piper

PITTOSPORACEAE
Pittosporum
Sollya

Indice de nombres vulgares

Platanera — *Musa* sp.
Plumas de Santa Teresa — *Scholumbergera truncata.*
Poinsettia — *Euphorbia pulcherrima.*
Primavera — *Primula* sp.

Retama y Retama de escobas — *Cytisus* sp., *Genista* sp. y *Spartium* sp.

Retama de Teide — *Cytisus supranubius.*
Rododendro — *Rhododendron* sp.
Rosa de China — *Hibiscus rosa-sinensis.*
Ruibarbo de Guatemala — *Jatropha podagrica.*

Saxifraga blanca — *Saxifraga stolonifera.*
Sensitiva — *Mimosa pudica.*
Siemprevivas — *Sempervivum* sp.

Tablero de damas — *Fritillaria meleagris.*
Té — *Camellia sinensis* (Sinónimo: *Thea sinensis*).
Trompetas — *Datura arborea.*

Uvas de gato — *Sedum acre.*

Violeta africana — *Saintpaulia ionantha.*

Glosario
de términos botánicos

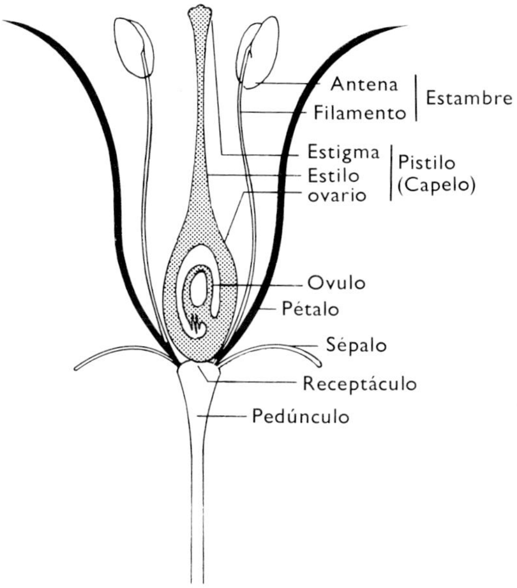

ANTERA En la flor es la parte final del estambre, portadora de las células sexuales masculinas. La antera puede ser grande, como en *Hibiscus* y en las liliáceas, o pequeña como en *Primula*.

AXILA El ángulo que forman la hoja o el peciolo foliar y el tallo de una planta.

BRACTEA Es una hoja modificada que crece cerca del cáliz (ver éste) o del pedúnculo, o del pedicelo (ver éste). En algunas familias, como las nictaginaceae, a las que pertenece el género *Bougainvillea*, la bráctea es la parte más vistosa de la flor y asume el papel de los pétalos.

BULBO Es una raíz o brote muy modificado, generalmente subterráneo, cubierto de escamas carnosas u hojas basilares turgentes que almacenan sustancias alimenticias para la planta.

CALIZ La cubierta externa del periantio (ver éste), normalmente de color verde. Cada uno de sus lóbulos o segmentos aislados se llama sépalo (ver éste). Cuando el periantio tiene una sola cubierta, ésta suele ser coloreada y cada segmento aislado se llama tépalo.

CORIMBO Es una inflorescencia cuya parte superior es más o menos plana, aunque los pedúnculos florales parten de niveles diferentes; es un racimo modificado (ver éste).

CORMO Es una parte engrosada de un tallo, situada a nivel o por debajo del suelo, en la que se almacenan las reservas nutritivas para la planta. Desde el ápice del cormo se producen brotes y desde su base raíces. Se distingue de un bulbo (ver éste) por no estar diferenciado en capas, y es muy similar a un tubérculo (ver éste), aunque los cormos (ejemplo: *Crocus*) están rodeados exteriormente por escamas que constituyen la túnica, mientras que los tubérculos no las tienen. Cada año son reemplazados por nuevos cormos.

COROLA Es la cubierta interna de una flor, formada por los pétalos.

CORONA Es un apéndice floral que se forma entre los pétalos (ver éstos) y los estambres (ver éstos). Por ejemplo: la corona, copa o trompeta de un narciso y los filamentos o radios de una flor de «pasionaria».

«CULTIVAR» Es una variedad de una determinada especie, obtenida mediante cultivo. El nombre de «cultivar» es el nombre especial dado a tal variedad. *Camellia japonica*, *C. reticulata* y *C. sasanqua* son las especies del género *Camellia*, de las que se han derivado la mayoría de los «cultivars». Por ejemplo: «Adolphe Audusson» es un cultivar de *C. japonica*, «Mary Williams» de *C. reticulata* y «Narumi-gata» de *C. sasanqua*. Los nombres de los «cultivars», generalmente hacen referencia a colores, resultados, o a nombres de asociaciones, pero especialmente a personas. Debe tenerse cuidado en diferenciarlos de los nombres latinos, o formas latinizadas de los nombres específicos de las especies (ver variedad). Mientras que los «cultivars» se han originado artificialmente mediante el cultivo, las variedades se han originado en condiciones naturales.

CIMA Es una inflorescencia cimosa, en la que la flor central se abre antes que las demás. Puede ser en forma de corimbo (ver éste) o panícula (ver ésta).

DISCO Puede tener tres acepciones:

I. Una excrecencia que se forma debajo o al rededor del ovario (ver *Kohleria*, pág. 108).
II. La parte central formada por los flósculos de una inflorescencia de una compuesta (por ejemplo: la parte amarilla de una margarita).
III. La parte central del labio de una flor de orquídea.

EPIFITA
EPIFITICO (adj.) Es una planta que vive sobre otra, pero que no toma de ésta su alimento. Por contraste, una planta parásita es la que vive sobre otra y toma de ella su alimento, total o parcialmente. Los grupos más importantes de plantas epifíticas son las bromeliáceas y las orquídeas.

ESCAPO Es un tallo florido desprovisto de hojas que sale directamente de la zona basal de la planta. Los hippeastrum y muchas plantas bulbosas tienen escapo.

ESPADICE Es una inflorescencia racimosa, carnosa, en forma de maza cubierta de flores, generalmente muy pequeñas. Frecuentemente está envuelto por una espata, como ocurre en las aráceas.

ESPATA Es una bráctea que rodea a una o varias flores o a una inflorescencia; puede no ser ornamental, como en los narcisos, o constituir el elemento más destacado de la inflorescencia, como en los *Anthurium*.

ESPECIE En Taxonomia vegetal, la especie es una división del género (ver éste); el género puede estar constituido por una sola o varios centenares de especies, cuyas flores, frutos o semillas tienen una estructura semejante.

Una planta, para justificar su definición como especie, debe reproducirse con caracteres netamente distintivos (ver también «cultivar», híbrido y variedad).

ESTAMBRE Es el órgano masculino de la flor. El estambre, generalmente, consiste en un pie o filamento (ver éste) de longitud variable, portador de la antera (ver ésta), en cuyo interior están los granos de polen. Los filamentos pueden partir del receptáculo floral o de la corola. Los estambres pueden estar en una columna central (columna estaminal) de la que salen los filamentos, por ejemplo, en *Hibiscus*.

ESTIGMA Es la parte del pistilo (ver éste) destinada a recibir y retener los granos de polen; generalmente es el ápice superior. Segrega un líquido viscoso, cuando el ovario está en condiciones de ser fecundado.

ESTILO Es el canal que comunica el estigma (ver éste) con el ovario, en el pistilo, órgano femenino de la flor. En algunas flores no hay estilo y el estigma se une directamente al ovario.

FAMILIA En Taxonomia vegetal, después del orden, la familia es la categoría sistemática más amplia del reino vegetal; cada familia se divide en géneros; las hay que sólo comprenden un género, como *Rhoeo*, y otras incluyen hasta ochocientos, como las compuestas (la familia de las margaritas). Cada género, a su vez, se divide en especies (ver éstas). Las especies de la misma familia están ligadas por semejanzas de la flor, el fruto y la semilla (las hojas de las especies de una misma familia pueden tener una apariencia muy distinta). En algunos casos, como en las compuestas antes citadas, el parecido entre los géneros de la misma familia es muy claro, incluso observado superficialmente. En otras, como en las euforbiáceas, el parentesco de los géneros *Acalypha*, *Codiaeum*, *Euphorbia*, etc., sólo es apreciable por los botánicos.

FILAMENTO Es el pedúnculo que sostiene la antera en el estambre (ver éste).

GENERO Es un grupo de especies, a veces una sola (por ejemplo, en *Rhoeo discolor)*, cuyas flores, frutos y semillas tienen una estructura similar y diferenciada de otros géneros. Las hojas pueden ser muy diferentes, como ocurre en el género *Ficus* (ver también variedad, híbrido y «cultivar»).

GINOFORO En la flor es el soporte del ovario. «La pasionaria», género *Passiflora*, tiene sus flores con un ginóforo destacado.

GLABRO Organo de una planta desprovisto de pelos; a veces se usa en el sentido de liso, pulido.

HIBRIDO Es una planta originada por la unión sexual entre dos especies. Los híbridos se identifican por el signo × antes del nombre específico. Por ejemplo, *Aeonium × domesticum*. La hibridación puede ser natural o artificial.

LANCEOLADO De forma de lanza. Se aplica a las hojas de contorno parecido a la cuchilla de una lanza, es decir, mucho más larga que ancha y con los ápices agudos.

LENTICELA Es un poro en la corteza de un arbusto o árbol que permite la llegada del aire a los tejidos subyacentes. Aparecen como pequeños orificios en la superficie de la corteza que contienen un polvo parduzco. Las lenticelas de algunas *Polyscias* son muy pronunciadas.

NUDO El punto del tallo en que se forma una yema foliar, y, por tanto, una hoja o un nuevo tallo. El nudo es generalmente el punto en que se desarrollan yemas y en el que se forman raíces con más facilidad. De aquí la importancia de los nudos en la obtención de esquejes (ver página 12).
(También se llaman nudos a los engrosamientos de ciertas hojas o tallos, por ejemplo, ciertos juncos. N. del T.)

PALMEADO Hoja palmeada es la que tiene forma de palma de la mano. Las hojas de *Passiflora caerulea* son palmeadas.

PANICULA Inflorescencia compuesta, racimosa, en la que los ramitos van decreciendo de la base al ápice, por lo que toma aspecto piramidal. Por ejemplo, las inflorescencias de *Medinilla magnífica* son panículas.

PECIOLO El pedúnculo que sostiene la hoja.

PEDICELO, PEDUNCULO Es el cabillo de una flor aislada, es decir, el rabo de la misma. También se aplica al eje principal de una inflorescencia.

PERIANTIO Son las cubiertas exteriores que rodean los órganos sexuales de una flor.

PETALO Es cada elemento constituyente de la corola, generalmente coloreados. Pueden ser muy atractivos, como los de un *Hibiscus*, o insignificantes, como los del género *Polyscias*.

PINNADO Que está dispuesto como una pluma. Una hoja pinnada tiene una serie de foliolas separadas que están sobre un nervio medio. Por ejemplo, las hojas de muchas leguminosas, *Acacia*, *Mimosa* y en muchos helechos.

PISTILO Es el órgano femenino de una flor. Comprende el ovario, el estilo (ver éste) y el estigma (ver éste). En ciertas flores tiene forma de mano de almirez, que se llama pistilo, y es de donde recibe el nombre.

RACIMO Es una inflorescencia formada por un eje de crecimiento indefinido, de cuyos lados van brotando pedicelos florales con una flor. Por ejemplo, el algarrobo.

RIZOMA — Es un tallo subterráneo horizontal del que brotan raíces y tallos. Puede ser grueso y carnoso y almacenar sustancias nutrientes.

SEPALO — Los sépalos son los elementos constituyentes del cáliz de la flor. En algunas flores pueden ser coloreados e indistinguibles de los pétalos. A veces hay una sola cubierta de sépalos y pétalos coloreados; entonces se llaman tépalos.

TALON — En Horticultura se advierte a veces, cuando se toman esquejes, que deben tener talón; esto quiere decir que un esqueje consta de un trozo de renuevo con una parte de leño antiguo, cuyo extremo se llama talón.

TUBERCULO — Es una porción engrosada de un rizoma (ver éste); generalmente es subterráneo.

UMBELA — Es una inflorescencia racimosa en la que los pedúnculos florales individuales nacen en un mismo punto, en el extremo de un eje principal.

VARIEDAD — Es una subdivisión de la especie, que presenta unos caracteres diferenciales que no son lo suficientemente importantes para considerarla especie distinta. Por ejemplo, *Bougainvillea glabra* variedad *sanderiana*, y *B. glabra*, variedad *variegata*.

VARIEGADO — Se dice de los órganos, especialmente las hojas, que tienen manchas de dos o más colores. Por ejemplo: *Sanseviera trifasciata*.

H. BLUME EDICIONES
Rosario, 17. Madrid-5
Tels. 265 92 00-08-09

Distribuidor en exclusiva:
BLUME DISTRIBUIDORA

Madrid-5: Rosario, 17. Tel. 265 92 00
Barcelona-17: Milanesado, 21-23. Tel. 204 23 00
Bilbao-6: Iturribide, 94. Tel. 433 08 77
Santa Cruz de Tenerife: Magistral Luis Reyes Pérez, 9, bajos. Tel. 64 88 85
Sevilla-11: Virgen de Begoña, 14. Tel. 27 54 76
Valencia-8: Buen Orden, 11. Tel. 326 49 82

Argentina: RIVERSIDE AGENCY, S.A.C. Belgrano, 2786-88.
Tels. 97 83 41-97 85 97. **1096 Buenos Aires**
Colombia: EDITORIAL BLUME DE COLOMBIA Ltda. Calle 65, núm. 16-65.
Tels. 212 33 50 - 249 65 35 - 212 31 17. **Bogotá**
Ecuador: EDITORIAL BLUME DEL ECUADOR, S.L. Centro del
Libro Español. Juan León Mera, 775.
Tel. 54 03 80. **Quito**
México: BLUME DISTRIBUIDORA, S.A. Casas Grandes, 69.
Colonia Narvarte. Delegación Benito Juárez 03020.
Tels. 519 56 52-519 56 53. **México D.F.**
Perú: LITEXSA PERU, S.A. Avda. Petit Thouars, 1037.
Tel. 71 73 30. **Lima**
Portugal: BLUME DISTRIBUIDORA DE LIBROS, Lda.
Rua Rodríguez Sampaio, 73. Tel. 57 39 89.
Lisboa-1100
Uruguay: EDYLIR URUGUAYA, S.A.
Maldonado, núm. 1092. Tel. 90 75 61.
Montevideo
Venezuela: EDITORIAL BLUME de VENEZUELA, S.A. Gran Avda.
Edificio CARONI, Local 5. Aptdo. 70017.
Tels. 781 57 23 - 782 37 80.
Caracas 107-Este